ウイルスと共生する世界

VIRUSPHERE

Explains the science behind the coronavirus outbreak

Frank Ryan

フランク・ライアン
著
多田典子 訳・福岡伸一 監修

新型コロナアウトブレイクに隠された生命の事実

日本実業出版社

VIRUSPHERE
by
Frank Ryan

Japanese translation published by arrangement with FPR Books Ltd.
c/o Jonathan Pegg Literary Agency through The English Agency (Japan) Ltd.

「みんなで、恐ろしいゲームをしよう。お互いのチョークの輪の中に入るんだ」

アンソニー・ホプキンス

日本語版序文

ウイルスとは何か。ウイルスが存在する意味はどこにあるのか。生命科学史上、最大の謎ともいうべきこの問いに対して、本書は、的確・明瞭な答えを与えた画期的な書である。

ウイルスとは極小の粒子であり、生物と無生物のあいだに漂う奇妙な存在だ。電子顕微鏡が開発される20世紀前半まで、その姿を見た科学者は誰もいなかった。だから、たとえば野口英世も黄熱病の病原体（当時はわからなかったがウイルスだった）を探し続けたまま命を絶った。

生命を、自己複製を唯一無二の目的とするシステムである、と利己的遺伝子論的に定義すれば、宿主から宿主に乗り移って自らのコピーを増やし続けるウイルスは、とりもなおさず典型的な生命体と呼べる。しかし生命をもう1つ別の視点から定義すれば、ことはそれほど単純ではなくなる。それは生命を、絶えず自らを壊しつつ、常につくり変えて、エントロピー増大の法則に抗いつつ、あやうい一回性のバランスの上にたつ動的なシステムである、と定義する見方、つまり、動的平衡の生命観から見た場合である。

生命を動的平衡と定義すれば、代謝も呼吸も自己破壊もないウイルスは生物とは呼べない。とはいえウイルスは単なる無生物でもない。単体で存在するときは静的な物質だが、ひとたび宿主細胞にとりつくと、とたんに動的に振る舞う。

ウイルスは、目に見えないテロリストのように密かに、一方的に襲撃してくるのではない。ウイルスには自走能力も遊泳能力もない。今、私たちを悩ませている新型コロナウイルスのパンデミックはすべてヒトが運んだ結果である。しかも、コロナウイルスが、宿主の細胞に取りつく際には、まず、ウイルス表面のタンパク質が、宿主細胞の膜にある特殊なタンパク質と強力に結合する。つまり宿主タンパク質とウイルスタンパク質には親和性があるのだ。それだけではない。さらに細胞膜に存在する宿主のタンパク質分解酵素が、ウイルスタンパク質に近づいてきて、これを特別な位置で切断する。するとその断端が指先のようにするすると伸びて、ウイルスの殻と宿主の細胞膜とを巧みにたぐりよせて融合させ、ウイルスの内部の核酸を細胞内に注入する。かくしてウイルスは宿主の細胞内に感染するわけだ。それは宿主側が極めて積極的にウイルスを招き入れているとさえいえる挙動の結果である。

これはいったいどういうことだろうか。本書はここに積極的な意味を与える。ウイルスは宿主の共生者なのだと。そして両者の関係は利他的なのである。ウイルスは構造の単純さゆえ、生命発生の初源から存在したかのように見えるが、実はそうではなく、細胞が登場した後、初めてウイルスは現れた。細胞から遺伝子の一部が外部へ飛び出したものとして。つまり、ウイルスはもともと私たちの一部だった。それが家出し、また、どこかから流れてきた家出人を宿主は優しく迎え入れているのだ。なぜか。それはおそらくウイルスこそが進化を加速してくれるからだ。親から子に遺伝する情報は垂直方向にしか伝わらない。しかしウイルスのような存在があれば、情報は水平方向に、場合によっては種を超えてさえ伝達しうる。それゆえにウイルスという存在が進化のプロセスで温存されたのだ。その端的な例は、本書に触れられているとおり、哺乳動物の胎盤の形成である。ここにウイルスが大きな寄与を果たした。ウイルスがいなければ哺乳動物は出現できなかった。

ときにウイルスが病気や死をもたらすことですら利他的な行為といえるかもしれない。病気は免疫システムの動的平衡を揺らし、新しい平衡状態を求めることに役立つ。そして個体の死は、その個体が占有していた生態学的な地位、つまりニッチを、新しい生命に手渡すという、生態系全体の動的平衡を促進する行為である。つまり個体の死は最大の利他的行為なのである。ウイルスはそれに手を貸している。

かくしてウイルスは私たち生命の一部であるがゆえに、それを根絶したり撲滅したりすることはできない。私たちはこれまでも、これからもウイルスを受け入れ、共存し共生していくしかない。本書を通じて、読者諸賢のウイルスに関する知見が向上し、ひいては命に対する向き合い方、つまり生命哲学の深化がなされることを期待したい。

生物学者　福岡伸一

はじめに

2019年12月、中国の湖北省武漢で奇妙な病気が医師の目にとまった。当初はインフルエンザの地域的なアウトブレイク*［限られた地域で危険な感染症が突如として広がること。集団発生］かと思われた。インフルエンザと同じように咳やくしゃみで飛び散るエアロゾルによって伝播した。一方で、気道に深く入り込むという点がインフルエンザとは異なっていた。酸素交換が行われる肺胞にまでウイルスが広がるのだ。ひどい場合には、ウイルス性肺炎を引き起こした。

アウトブレイクが深刻化するにつれ、医療当局は毎年流行するインフルエンザウイルスではなく、かつて経験したことのないウイルスを扱っていると感じるようになった。このウイルスは、「エマージングウイルス（新興ウイルス）」であった。これまで知られていなかったウイルスが、新たな病気を引き起こしたのだ。謎のウイルスはその後、コロナウイルスとして同定され、コロナウイルスとその出現年から「COVID-19（新型コロナウイルス感染症）」と命名された。

コロナウイルスを電子顕微鏡で拡大して見ると、球状をした本体の周りにとげの冠のようなスパイクが突き出ていて、まるで太陽のコロナのようだ。海軍の機雷のようにも見える。これがコロナウイルスと呼ばれる理由である。COVID-19には、季節性インフルエンザとは異なる重要な点がもう1つある。我々は、以前から季節性のインフルエンザウイルスによるエピデミック［感染症の地域的な大流行］にさらされてきた。これは、別のインフルエンザウイルスが発生しても、すでにウイルスの一部に免疫があることを意味する。ところが、COVID-19は、初めて経験するウイルスであったため、事前に免疫を持っていなかったのだ。COVID-19に新たに感染した患者の多くが比較的軽症であったことは、少し意外だったが朗報であった。重症化し、生命を脅かす病気を発症したのは、5人に1人にとどまった。

だが、安心したのもつかの間であった。重症化し、生命を脅かす病気を発症する患者の割合は少ないが、最初に考えられていたよりも非常に多いことがわかってきた。COVID-19は感染力が非常に強いためだ。第10章の「パンデミックの脅威――インフルエンザとCOVID-19」で、ウイルスから身を守る最善の方法を考えながら、このウイルスについて詳しく見ていく。だが、当然のことながら、COVID-19は21世紀の人間社会を脅かす数あるウイルスの1つにすぎない。

地球上の生物にとって、ある種の脅威は決して目新しいものではない。半世紀以上もの間、我々は核によるハルマゲドンの脅威にさらされて生きてきた。今日では、こうした不安はおさまりつつあるが、新たな心配事が出てきた。世界はグローバル化により事実上1つの「村」となっている。地球温暖化、熱帯雨林の大量破壊、海洋の汚染と乱獲により、生物圏は厳しい脅威にさらされている。

ここで、明白な疑問が生じる。新たな疫病の発生は、人間の行動が地球生態系に及ぼす影響と関係しているのか？　実際に、コロナウイルスパンデミック〔世界的な大流行〕の話に戻り、「なぜ、我々を脅かすような疫病が発生するのか」ということを問題にしよう。いぜんとして生命を奪うエイズパンデミックと真正面から闘っている今、「ＨＩＶ-１やＣＯＶＩＤ-19のようなエマージングウイルスがどこから来たのか」を問うことは、将来に備えることになるだろう。

なぜ、このようなウイルスが現代に出現するのか？

そして、なぜ、こんなにも恐ろしく攻撃的なふるまいをするのか？

人口過剰、原野の開拓、気候変動と生物圏のプラスチック汚染による有害な影響などが相まって、人類社会は存亡の危機に向かっているのではないか？

私がウイルスに興味を持ったのは、イギリスのシェフィールド大学医学部で医学生としてウイルスの研究を始めたときだ。１９９０年代に入り、私は『ウイルスＸ』（角川書店）という本の中で、前述の質問の答えを探し始めた。私は2年をかけて第一線の研究室を訪ね、いわゆる「ウイルスハンター」と呼ばれる人たちから話を聞いた。ＣＤＣ（米国疾病予防管理センター）の特殊病原体部門、イギリスのポートンダウン研究所、パリのパスツール研究所、ブリュッセルのベルギー国立公衆衛生研究所、ジュネーブのＷＨＯ（世界保健機関）などの研究者たちだ。

また、生死の境をさまよった患者にもインタビューした。この調査が私のウイルスに対する見方を変え、現在の進化ウイルス学への関心を高めるきっかけとなった。私は生物間相互作用の進化的意味に注目している国際共生学会の会員となった。本書『ウイルスと共生する世界』では、ウイルス全般、特にCOVID-19の憂慮すべき状況について新たな調査を行った。現状の混乱と不安の中で必要なのは、パニックに陥ることではなく、情報に基づいた事実を知ることである。

今、全世界が認識しているように、COVID-19はいわゆる1918年のスペイン風邪以来、見られなかった類のパンデミックに発展した。これは、我々自身の行動と、このかけがえのない世界の気候、大気、生物圏の微妙なバランスへの影響を検証しなければならないということなのだろう。

まずは、ウイルスが我々に深刻な害を与える存在だということを理解することから始めよう。ウイルスが我々や愛する者たちをどのように脅かし、この脅威を減らすために何ができるかを知る必要がある。

COVID-19のようなウイルスにとって、国境は関係ない。国籍、民族、人種、宗教などの概念を無視して、ジェット旅客機のようなスピードで世界を1周する。ウイルスは社会階級や、評判、名声、富、権力といった人間のうぬぼれにはまったく関心を示さない。さらに問題なのは、この驚異的な存在の多くが、光学顕微鏡では最も強力な倍率ですら見ることができないのだ。謎めいて、恐ろしさも増すことだろう。目に見えないウイルスは、我々の組織や器官に侵入するだけではない。アンソニー・ホプキンスは、「我々の最も深く最も内側の存在、すなわち我々をコードするDNAの貯蔵庫である生きた細胞のチョークの輪の中に入っていく」と喩《たと》えている。

それでも、ウイルスは悪ではない。ウイルスは物を考えたりしない。彼らには善悪の概念もない。道徳そのものがない。奇妙に思えるかもしれないが、我々はウイルスから恩恵を受けている場合もある。つい最近になって、我々はウイルスが地球上の生命の進化と地球上の生命の相互依存に不可欠であることに気づいた。生物圏の繁栄にウイルスは重要な役割を果たしていたのだ。ウイルス学者は、ウイルスと細胞生物の奇妙で複雑な相互作用を表す「**ウイルス圏(Virosphere)**」という新しい用語を生み出した。ウイルス圏では、ウイルスが無数の宿主と相互作用し、生命が存在するすべての環境にまたがる接合帯を構成している。

ウイルスは地球上で最も豊富に存在する生物学的存在である。細菌を含めた細胞生物の数を1桁も2桁も上回る。その結果、海を細菌汚染による有害廃棄物から守るだけでなく、海と陸の食物連鎖では栄養基盤となり、並外れたホメオスタシス(恒常状態)を実現させたのだ。

一般に信じられているのとは裏腹に、我々人間はこの世界を支配していない。あらゆる生態系学的地位「個々の生物種が自然界において占める地位または生息場所」に生息する素晴らしい多様な生命と共有しているのだ。COVID-19が現れ、我々に「生きるということは往々にして厳しいものであるが、極めて双方向的である」という事実を、無情にも思い出させる。ウイルス、そしてヒトとウイルスの間の対立と相互作用を示すウイルス圏は、欠かすことのできないものなのだ。

本書の第10章「パンデミックの脅威——インフルエンザとCOVID-19」では、どのようにしてウイルスから身を守るかを考えながら、コロナウイルスの性質について詳しく見ていく。2020年1月に中国から最初の報告があったとき、COVID-19がこれまで知られていない真のウイルスXであることを誰が想像できただろうか。エアロゾル吸入という最も伝播性の高い経路によって世界中で何千万人もの人々が感染しているのだ。ジェット旅客機のような速さで地球上のあらゆる国に広がり何千万人もの命を脅かしている。

このウイルスによるパンデミックを制御することが重要である。同様に、将来我々を脅かす他のパンデミックウイルスのリスクを減らせるように、その出現から重要な教訓を学ぶことが大事である。教訓の答えは、間違いなく、COVID-19のようなウイルスがなぜ人間の世界に出現するのかを理解することにある。そのためには、ウイルスの特性と生命の基本的な機構、そしてそれを支える生物圏でのウイルスの役割を見ていく必要がある。

COVID-19のような疫病に我々は怯える。これは人間のごく自然な反応だ。だが、恐怖を克服し、何が起こっているのかを冷静かつ論理的に検討する必要がある。この世界の壊れやすい生態系を開拓した人類。その人類が爆発的に増加したことと、COVID-19の出現には何か関係があるのだろうか？　もしそうだとしたら、救済策はあるのだろうか？

＊　本書に頻出する、感染による流行を示す言葉の意味するところは次の通り。
アウトブレイク：限られた地域で危険な感染症が突如として広がること。集団発生。
エピデミック：感染症の地域的な大流行。
パンデミック：世界的な大流行。
風土病（地域流行、エンデミック）：ある地域に限局して長期間にわたり発生する。

ウイルスと共生する世界　目次

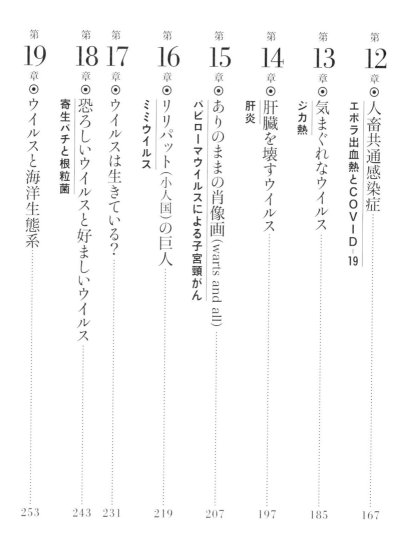

ブックデザイン―志岐デザイン事務所（萩原 睦）
DTP―ダーツ

＊訳注は〔　〕で示した。
＊第10章のCOVID-19に関する記述は、日本語版に向けて加筆された。情報は2020年10月時点のもの。

第1章

ウイルスとは何か?

この10年でようやくはっきりしてきたことがある。すべての細胞生命がその誕生当初から、目に見える生物圏（陸地、大気、海）だけでなく、あまりなじみがなく目に見えない**ウイルス圏**（**Virosphere**）にも生息していたのだ。このウイルス圏を構成しているウイルスは、単に我々を取り巻いているだけではなく、ウイルス自体が進化する外在性生物として、また、我々の存在そのものの相互作用共生者、すなわち内在性生物としても存在する。我々は、我々の中にいるこれらの極めて小さい乗客の存在に気づかないが、乗客のほうはいかにもウイルスらしいやり方で、その時々、我々の存在を認識しているのである。

こういう話をすると、不安を抱いたり、恐怖さえ感じたりする人もいるが、警戒する必要はない。ウイルスは今までもずっとそこにいたのだ。人類が現れるよりも前から地球上にいたし、さらに遡れば、哺乳類、あらゆる動物、植物、真菌、あるいは私が正しければ、単細胞生物であるアメーバよりも古くから、ウイルスが存在していた可能性がある。変わったのは、ウイルス学の世界が生命の起源と多様性におけるウイルスの役割を理解するようになってきたことである。生物圏の健康観では、ウイルスは単なる病原因子でしかないのだが、こうした考え方には矛盾があることが、明らかになりつつある。

これだけのことをやってのけるからには、ウイルスには際立った特性が備わっているに違いない。たとえば、ウイルスは移動手段を持っていないにもかかわらず、人の間を移動し、パンデミック時には楽々と世界中を移動する。視覚、聴覚、触覚、嗅覚、味覚はないが、標的となる細胞や臓器、組織を驚くほどの正確さで検知する。しかも、それを阻止するようにつくられている強力な免疫防御の容赦ない反撃をものともせずにこれをやってのける。細胞に到達すると、標的細胞による防御を突破してその保護表面膜から侵入する。そして細胞内に入ると、その生理学的、生化学的、遺伝学的プログラミングを乗っ取って、強制的に細胞を自分たちの次の世代を生産する工場にしてしまうのだ。

ウイルスの世界へようこそ！

確かに、そこは謎に満ちた非常に奇妙な世界である。最も基本的なレベルから知ろうとすると、ますます非現実的になる。

では、ウイルスとは何なのか？

どのように定義すればよいのだろうか？　たとえば、ウイルスと細菌の違いはどこにあるのか？　ウイルスと細菌は多くの感染症の原因であるため、一般的に混同されがちだが、これらはまったく異なる存在である。細菌に比べ、ウイルスの定義は難しい。ウイルスは、生物と、非生物である化学物質の間に位置するといわれているからである。そのため、高名な研究者は、ウイルスを「タンパク質に包まれたいたずらもの (a piece of mischief wrapped up in a protein)」と見下している。この傲慢さには真実の一端もあるが、ウイルスは単に「いたずら」の源にはとどまらない。

もう少し深く掘り下げてみよう。ウイルスは、クジラからヒト、またキンポウゲからいわゆる「地味な」細菌まで、身近なあらゆる生命体と同様に遺伝子とゲノムに依存しているのだろうか？　その答えは「イエス！」である。ウイルスは確かにゲノムを持ち、ゲノムにはタンパク質をコードする遺伝子がある。ウイルスのゲノムに関しては、ウイルスと他のすべての生物との重要な違いについても考察することにし、次章以降でさらに詳しく見ていくことにする。

では、ウイルスは、たとえば植物や動物と同じような進化のパターンをたどるのだろうか？　この答えは同じく「イエス！」である。しかし進化のパターン、つまり関与する特定のメカニズムはウイルスに限定される側面に大きく影響される。ウイルスは宿主細胞の遺伝子装置を利用してのみ自己複製を行うことができる。このため、以前は「生物の遺伝子に依存する寄生体」と定義されていた。しかし、ウイルスが宿主の進化に関する複雑な役割を果たしていることが解明されるにつれ、この定義でウイルスを特徴づけるには十分ではなくなってきた。より適切な定義として、ウイルスが共生者 (symbionts) であるという事実を受け入れなければならない。実際、ウイルスは究極の共生者であり、「寄生」、「片利《へんり》共生」、「相利《そうり》共生」という3種類の共生すべての例を示すことがわかっている。さらに、ウイルスは宿主に対して進化の行動様式が攻撃的になることがあるので、ともすればウイルスは「攻撃的共生者（aggressive symbionts）」でもある。

ウイルスの進化の軌跡や、その軌跡が宿主の進化に与える影響を調べれば調べるほど、ウイルスの物語はより不思議で魅力的なものになっていく。地球上に細胞生命が出現するより前に、化学的自己複製子［自らの複製をつくる能力を持つ構造体のこと。『利己的な遺伝子』（紀伊國屋書店）の著者リチャード・ドーキンスは、遺伝子（gene）を「自己複製子」と捉えた］の段階でウイルスが誕生したという説は妥当なのか？　もしそうだとしたら、その原始的な起源から、どのようにしてウイルスは進化し、地球上のすべての生命と相互作用し、その結果、地球上のすべての生命の進化に貢献してきたのだろうか？

本書の目的は、読者を啓発することである。なじみのある領域から始め、段階を追って進めていく。ウイルスが引き起こすさまざまな病気と向き合おう。具体的には、感冒（普通の風邪）や、麻疹（はしか）、水疱（水ぼうそう）、ヘルペス、ムンプス（おたふく風邪）、風疹などの子どもの病気や、狂犬病、デング熱（breakbone fever）［骨折熱ともいわれ、本当に骨が折れたかと思われるように痛む病気］、エボラなどの出血熱、バーキットリンパ腫などのウイルス性のがんなど、あまり知られていない病気についても、実際に何が起こっているのかを見ていくことにしよう。ここでは、**ウイルスがどのようにふるまうのか、ウイルスに遭遇したときヒトの体内では何が起きているのか、ウイルスが感染症の症状をどのように引き起こすのか**を見ていく。

これらを解明する鍵は、**ウイルスがヒト宿主との「相互作用」から何を得ているか**を探ることである。インフルエンザ、天然痘、エイズ、ポリオのような重要なエピデミックをウイルスと同じ視点で調べ、古代エジプト人の壁画からアメリカ、オーストラリア、アフリカの植民地化に至るまで、ウイルス感染がどのように人間の社会史に影響を与えてきたかを明らかにする。また、何世紀も前の天然痘ワクチンの導入から3種混合ワクチンとパピローマウイルスワクチン［子宮頸がんを予防するワクチン］に対する最近の論争まで、感染症対策としてのワクチンについても詳しく見ていく。

ウイルス学は、疾患の原因となるウイルスの研究から発展した。すでに身近にあるウイルスを理解することで、生命が進化する上でのウイルスの役割を検証し啓発を推進していく。特に人類の進化の歴史の中でのウイルスの役割を探る。**進化の過程で、人類はいかにして目に見えない強力なウイルスと共存してきたか、ウイルスがいかにしてヒトを最も本質的なところで変化させ、ヒトをヒトらしくしてきたのかがわかるだろう。**

私と同じように、ウイルスが生命にとって極めて重要であること、その起源と複雑さを理解し、美しく青い海の惑星で生命にとって大きな驚異であるウイルスの本質に驚嘆してほしい。

ウイルスは概して悪者扱いされてきた。これは、前世代のウイルス学者の認識を考えると無理もない。彼らにとってウイルスとの唯一の接点はウイルスが引き起こす感染症に対処することであった。しかし、今日、ウイルス学の世界に変化の風が強く吹いている。最近、著名な進化ウイルス学者が、「偉大なウイルスの復活」を目撃したと宣言した。これはいったいどういう意味だろうか？　なぜ現代のウイルス学の先駆者たちは、生物圏全体にとってウイルスの重要性を新たに探求する鍵として、**ウイルス圏（Virosphere）**という用語を生み出したのだろうか？

ウイルスは今や「**生命の第4のドメイン**」〔これまで生物は、真核生物、細菌、アーキア（古細菌）の3ドメインに分類されている。アーキアの詳細は第23章を参照〕としてみなすべきだと考える者もいる。はたしてそれは本当だろうか？

第2章

咳とくしゃみが感染を広げる

ライノウイルスによる風邪

歴史的には、ウイルスは「微生物」と呼ばれる、人間、動物、植物の感染症の原因として発見された極小の生物に含まれていた。人類は長く微生物全般、特にウイルスに精通してきたところがある。これは感染に対する生まれつき備わった防御システムのことで、医師は「免疫システム」と呼ぶ。ヒトは微生物に満ちた世界に住んでいるので、このような免疫学的防御機構を備えているほうが都合がよいのだろう。

微生物の集団は、我々の皮膚やその他の膜の表面にびっしりいる。生物学ではこれを「ヒトマイクロバイオーム［ある領域に存在する全微生物の集合体。特に腸管内の微生物全体については、腸内微生物叢（フローラ、細菌叢）ともいう］」と呼ぶ。その存在を認識するだけで不快になる人もいるかもしれないが、さほど恐ろしいものではない。皮膚、口腔、咽頭、鼻孔、鼻腔、女性の生殖器に生息している細菌や他の微生物からなり、我々の存在そのもの、すなわち内在性生物として存在している。

ヒトの体は、ざっと見積もっても、およそ30兆から40兆の細胞からなるといわれている。これは組織と臓器を構成する生細胞の総和で、10の13乗の3倍から4倍に相当する。一方、ヒトのマイクロバイオームを構成する細菌、アーキア、原生生物などの数は10倍に相当する。厄介な感染症のことを考えると、微生物は害を及ぼすと考えるのは自然であるが、マイクロバイオームを構成する微生物は敵対するものではない。害を及ぼすことなく、単に共生しているだけの微生物もいれば、我々の健康維持に役立つ微生物も多くいる。たとえば、大腸に生息する微生物の集団は、ビタミンB12の吸収を助けるなどヒトの栄養摂取に重要で役に立っているとともに、病原体が消化管へ侵入するのを防いでいるのだ。この「腸内微生物叢」の死骸は、糞便の30％以上を占めている。

また、皮膚をはじめとする他の腹腔の微生物叢からもさまざまな恩恵を受けているというエビデンスが増えている。こうした事実から、ある重要な疑問が投げかけられている。ウイルスはヒトのバイオームの一部なのか？　ヒトの健康に貢献することができるのか？　宿主の栄養や健康に寄与する微生物群の場合は、同一宿主で長きにわたり共生的進化をしているということになる。となると、ウイルスと宿主には不思議な相互作用があるのでは、と考える。しかし、ヒトの小腸や皮膚のマイクロバイオームのような細胞共生体と比べると、ウイルスには根本的に異なることがある。ウイルスは宿主のゲノムに生息しているのだ。

これは、ウイルスが、たとえばヒトのビタミン消化に寄与することは決してないことを意味する。つまり、もしウイルスが宿主の健康に何らかの形で貢献しているのであれば、あるいは宿主の進化に何らかの形で貢献しているのであれば、その貢献はかなり些細である可能性が高いということである。おそらくヒト宿主では、免疫防御との相互作用、あるいはもっと深くはさらに、ヒトの遺伝機構との相互作用、あるいはとりわけ重大な相互作用が関与している。そして何より重要なのは、ヒト細胞の核の奥深くに埋もれている遺伝情報すなわちゲノムを変化させている可能性がある。もしそのようなことが起こっていたら、ウイルスはヒトをヒトらしくすることに貢献していることになる。

これは重大な問題である。読者の多くは、そうだとしたらあまり役に立たない種類のウイルスしか現れていないと主張するかもしれないが。

本書では、本当に不思議で、そして興味をそそるウイルスの世界を探求していく。まずは、よくある誤解を解くことから始めよう。多くの人がウイルスと細菌を混同しがちである。これは当然のことである。細菌に似たウイルスは、日常生活を苦しめる数々の病気の原因であり、特に子どもの熱病の原因となるからである。かかりつけ医はこうした病気に日常的に対処しており、細菌性疾患に対する抗生物質で治療する傾向がある。また、一般的なウイルス感染から子どもを守るためにワクチン接種プログラムや抗ウイルス薬を用いる。ウイルスと細菌を混同しがちなのも無理はない。では、この2つの違いは何なのか？

実は、細菌とウイルスには大きな違いがある。

最も明確な違いは大きさで、ほとんどのウイルスは細菌よりもはるかに小さい。風邪の前触れの咳やくしゃみを詳しく見ていけば、このことはすぐに理解できる。風邪に似た病気を引き起こすウイルスはいくつかあるが、風邪は**ライノウイルス**（rhinovirus）と呼ばれる特定のウイルスによって引き起こされる。風邪を発症したときによく見られる症状のくしゃみ、鼻水、鼻づまりを思い返すと、「rhino」はギリシャ語の「鼻」を意味するrhinosであることから、ライノウイルスという名前はぴったりである。ライノウイルスは、世界中で人々を苦しめる最も一般的な感染症ウイルスで、秋から初冬にかけてピークを迎える。ライノウイルスについて知れば知るほど、ライノウイルスが自然環境、そして感染が急速に広まるヒトのライフサイクルにいかに適しているかがよくわかる。

ライノウイルスは、直径約18nm～30nmと非常に小さい。nm（ナノメートル）は、10億分の1メートルである。「ビリオン」［構造的に完全で感染力のある完全ウイルス粒子のこと］と呼ばれる単一のライノウイルスが極めて小さいことがよくわかる。進化分類体系では、ライノウイルスは、ピコルナウイルス（picornaviruses）科の属として分類されている。ピコルナウイルスは、「極めて小さい」を意味する（ピコ＝pico）とリボ核酸（ルナ＝rna）に由来する語である。ライノウイルスのゲノムは、おなじみのDNAではなくRNAと呼ばれる核酸で構成されているからだ。これらの遺伝分子についての議論はひとまず脇に置き、RNAのウイルスゲノムに驚くべき意味があることについては次章以降で見ていこう。

ウイルスと細菌の大きさの違いに話を戻すと、ライノウイルスは非常に小さいため、実験室の光学顕微鏡では見ることができない。ビリオンは電子顕微鏡の驚異的な倍率でのみ可視化することができる。その形はほぼ球形で、小さな羊毛の塊に似ている。実際に電子顕微鏡で個々のビリオンを詳しく見ると、実は球体ではなく、カットダイヤモンドのように表面が多面的であることがわかる。ライノウイルスの多面的な表面は、専門用語でウイルスの「カプシド」といい、ヒトの細胞では細胞を取り囲む「膜」に相当する。

カプシドには20個の正三角形からなる驚くべき数学的対称性がある。すべてのウイルスはDNAか姉妹分子のRNAからなるゲノムを持つ。カプシドタンパク質はウイルスゲノムを取り囲む保護殻である。ライノウイルスを、対称性がある「正二十面体」準結晶の形状にしているのはカプシドで、ギリシャ語で単に「二十面体（twenty-sided）」を意味する。対称性がある多面体はダイヤモンドのような結晶ではなく、生化学的なタンパク質集合体である。

微生物学者は、電子顕微鏡が発明される以前からウイルスの存在を知っていた。宿主細胞への影響からウイルスの存在を発見する方法を見つけ、培養中の細胞変性効果から正確な数を数えることさえ可能だった。ライノウイルスの培養に最適なのは、ヒトの鼻の粘膜、気管の粘膜、気管に由来する細胞であるということもつきとめていた。また、風邪ウイルスを培養するのに最適な温度が33℃～35℃であることを知っても驚くことはない。この温度は、秋の寒い日または冬の日のヒトの鼻孔内の温度である。

ライノウイルスは生存するために宿主環境に対する順応性が高い。また特定の宿主に感染するように高度に適応している。これは、ヒトに感染しやすいさまざまな異なるサブタイプのライノウイルスをチンパンジーやテナガザルなどの実験動物に感染させようとして明らかになった。どの動物でも風邪によくある症状を再現することができなかったのだ。このことから重要なことがわかる。ライノウイルスの特徴は、ヒトのみを宿主とするという点である。つまり、ヒトへの感染がウイルスの生存に極めて重要であることを意味する。ヒトからヒトへの感染によってのみ伝播し、新世代のライノウイルスを繁殖させることができるからである。我々、ヒトが風邪ウイルスの天然の貯蔵庫なのだ。

しかし、そのような独占性について少し考えてみると、横道にそれる考えと、もっともな疑問がわいてくる。この極めて小さな多面体の球には移動手段がない。どのようにしてウイルスはヒトの集団の中を移動し、国や国境を越えて容易に感染を広めることができるのだろうか？

実は、答えはすでに出ている。それはこの章のタイトルに示されている。なぜ咳やくしゃみをするのか？　ヒトは鼻や喉、気管がムズムズしたときに咳やくしゃみをする。咳やくしゃみは気道に入る異物に対する防御システムの一部である。異物は気道を塞ぎ、知らないうちに閉塞して呼吸を脅かす。ライノウイルスによって鼻腔粘膜が刺激されると、同様の生理的反応が引き起こされる。ウイルスは、咳やくしゃみをするたびに爆発的に空気中に放出される。呼吸でその空気を吸うことによって新たな宿主が感染し、ヒトからヒトへと広がっていく。そして、ここでまたしてもウイルスについて極めて重要なことがわかるのである。ウイルスはヒト自身の移動によって運ばれるため、移動の仕組みを必要としない。どこまでも、咳やくしゃみが感染を広げるのだ。

ウイルスとはなんと賢いのだろうか!

だが、ウイルスが賢いわけがない。ウイルスはあまりにも単純すぎて自分で考えることができない。代わりにウイルスの数ある謎のうちの、もう1つ別の謎に直面している。たとえば、直径がわずか30nmの生物体が、普通の風邪で見られる巧妙でありながら非常に効果的なふるまいをどのようにして獲得することができたのか? ウイルスは進化の過程でやってのけた、というのがその答えである。実際、ウイルスには驚異的に進化する能力がある。ヒトよりも、細菌よりもはるかに速く進化する。以降の章では、ウイルスが宿主の移動を利用することが進化による適応の1つであるということを見ていく。

では、ライノウイルスはヒトの体内に入ると何をするのか?

ライノウイルスには特定の標的細胞があることはすでに述べた。鼻腔粘膜を覆う繊毛細胞がそれである。吸い込まれると、ウイルスはこれらの内皮細胞を標的とし、細胞表面膜で特異的な「受容体」を見つける。受容体に結合すると、膜のバリアを破って細胞の内部、すなわち細胞質に侵入する。ここでウイルスが細胞の代謝経路を乗っ取り、娘ウイルスの複製工場に変えるのだ。娘ウイルスは鼻と気道に押し出される。そして新たな細胞を探し出して感染し、侵入プロセスを続ける。感染者が吐き出した咳やくしゃみからごく少量のウイルスを吸い込むだけで、新たにヒトが感染する。ウイルスが侵入してから感染した鼻腔の細胞が新しい娘ウイルスを排出させるまでの潜伏期間は、わずか1日である。ウイルスを吸い込んでしまうと、感染を逃れることはできない。ウイルスの複製は4日目までにピークを迎える。

しかし、すべてが一方的というわけではない。ウイルスが攻撃を開始しても、ヒトの免疫システムは脅威を記憶していて、ウイルスの抗原特性いわゆる血清型（serotypes）［細胞表面の抗原をもとに分類した型］を認識する。問題は、新しい血清型の出現に対して免疫系が脅威を認識し、武器庫を構築するのには時間がかかることである。6日目までに、鼻腔はウイルス対免疫システムによる戦争地帯の中心となり、どちらの側にも情け容赦ない攻撃がしかけられる。この激しい免疫応答により、鼻腔の粘膜が剥がれて炎症の激しい表面が露出する。狭くなった気道からはおびただしい粘液が滲み出てくる。粘液はウイルスに対する抗体の濃度が上昇している。最終的にライノウイルスは中和抗体によって死滅し、戦争の砕屑は白血球による食作用によって一掃される。この免疫戦争の間じゅう、1週間〜3週間の間に、宿主が咳やくしゃみをしてまた別のヒトに感染させるという不幸なサイクルを繰り返す。

「風邪を引いても死にはしない」という格言がある。これはおおむね正しいが、子どもが風邪を引くと副鼻腔炎や中耳の厄介な細菌感染症である中耳炎にかかりやすくなる。体質的に喘息になりやすい患者では喘息を発症したり、嚢胞性線維症や慢性気管支炎を患っている患者では、二次的な細菌性胸部感染症を引き起こしたりする。とはいえ、救いはある。ヒトへの感染ではほとんどの場合、ライノウイルスはやがて消滅し患者は完全に回復する。

では、風邪を引かないようにするためにできることはないのだろうか？　あるいは苦しんでいるときに効果的な治療法はあるのだろうか？

ローマ時代、小プリニウス『博物誌』を著した大プリニウスの甥で古代ローマの作家」が風邪の治療としてネズミの毛むくじゃらの口にキスをすることを推奨していた。これに対し、ベンジャミン・フランクリンのほうが分別があった。風邪の原因が寒さや大気中の湿気にさらされることであると示し、新鮮な空気を吸って、他人の吐く息を避けることを勧めていた。近代になると、風邪の予防や治療のインチキ療法が山ほど出てきた。なかでも特に人気があったのが、アメリカの著名な化学者ライナス・ポーリングが唱えた「ビタミンC」である。しかし残念なことに、科学的な調査の結果ではマウスのひげほどの効果もなかった。

もっと常識に目を向けるべきである。風邪は、感染した人の咳やくしゃみによって伝播する。混雑したオフィスにいる人も、家にいる病気の身内も、「菌をハンカチに閉じ込めろ！」という古い格言に従うべきである。風邪のリスクが特に高いと思われる場合、ウイルス対策用のマスクを着用すれば、感染源にさらされた場合でも感染リスクを確実に下げることができる。

しかし、もっともな疑問が残る。免疫システムがライノウイルスを認識して対処するようになっても、なお生涯を通じて風邪にかかりやすいのはなぜだろうか？　実は、ライノウイルスにはおよそ100種類の「血清型」があるため、ある型の免疫を獲得しても他の型に対する防御は十分ではない。さらに、進化して血清型の抗原特性が変化しやすいという特徴があるのだ。

第3章

細菌を食べるウイルス

バクテリオファージ

1994年、東アフリカに位置するルワンダが、新聞やテレビのニュースで連日のごとく取り上げられることとなったのは、多数部族のフツ族と少数民族のツチ族との間で勃発した内戦が、少数民族の大量虐殺にまで発展したときであった。50万人ものツチ族が殺されたが、加害者側のフツ族は闘いに破れ、200万人以上が国外に脱出した。このうち約半数は北西へ向かい、当時のザイール国境（現在のコンゴ民主共和国）を越えてゴマの町の郊外へ入った。

ゴマは人口8万人の静かな町で、火山のふもと、キブ湖のほとりにある。その町へ、着の身着のままでヤムイモや豆などのわずかな食料だけを持った難民が怒濤のごとく押し寄せた。たった1日で20万人にも膨れ上がった難民たちは、途方に暮れ、飢えと渇きに苛まれ、雨露をしのぐ場所もなかった。彼らは民家の戸口や学校、墓地、野原で寝起きしたが、あまりの混雑に横になる場所もないほどだった。世界中のメディアが周辺に押し寄せてこの混乱を報告し、避難所、食料、水が緊急に必要であることを伝えた。

「タイム」誌の記者は、喉の渇きによる死を防ぐためには1日に100万ガロン（約378万リットル）の浄水が必要だろうと見積もったが、救援隊が供給できる量は5万ガロン（約19万リットル）がやっとだった。死に物狂いの人々は新鮮な水を奪い合い、井戸や便所を掘るには重装備の機器を必要とする堅い火山土を無力にも引っ掻いた。キブ湖の水は救援キャンプからの汚物で汚染された。コレラが猛威を発揮するのにこれほど適した場所はない。コレラが確認されてから24時間以内に800人が死亡し、その後は数えきれなくなった。

疫病を引き起こすのはウイルスだけではない。β溶血性連鎖球菌、結核、チフスなどの致死性の細菌や、マラリア、住血吸虫症、トキソプラズマ症などの風土病（エンデミック）［ある地域に限局して長期間にわたり発生する疾患］を引き起こす原生生物も原因となる。コレラはコンマ（,）のような形をしたコレラ菌が原因の細菌感染症である。ベンガル盆地が起源であると考えられ、400年にはすでにインドで致命的なアウトブレイクが発生していた。

コレラ菌の伝播は複雑で、まったく異なる2つの段階がある。まず、貯水池のプランクトン、卵、アメーバやゴミの中で繁殖し、周囲の水を汚染する。ここから汚染された水を飲んだヒトに広がり、激しい胃腸炎を引き起こす。「米のとぎ汁様」のおびただしい下痢によって脱水状態に陥り、すぐに死に至る。ヒトでのこの段階がコレラを伝播する第2の貯蔵庫につながる。衛生上の措置によって厳格に防止しなければ、感染力と毒性が極めて強い消化管感染症によって大量の米のとぎ汁様の下痢が続々と引き起こされる。個々の患者では制御できず、周囲、特に飲料水源を汚染し、コレラ菌を急速に拡散し、増殖させるという悪循環をもたらす。

コレラは19世紀にインドから広がり、アジア、ヨーロッパ、アフリカ、アメリカの多くの国でエピデミックを引き起こした。コレラによる大量の下痢便は通常の食中毒とは異なる。成人では1日で30リットルの水分と電解質を失うことがあり、患者は数時間のうちに致命的なショック状態となり、心臓の機能不全で死亡する。

イギリスの麻酔医ジョン・スノーは、コレラと汚染水を結びつけた最初の人物で、1849年に発表した論文で理論を詳しく述べている。1854年にロンドンのブロード・ストリート周辺で起きたアウトブレイクの際にこの理論を検証した。このとき、この病気は地域の飲料水に下水を流すことによって蔓延すると予測した。スノーの示唆に富む研究により、世界の多くの国々で保健当局が清潔な飲料水の重要性に気づくことができたのである。

今日では、水分や電解質を迅速に補給すれば、感染者の命を救うことができる。しかし、キブ湖周辺でのアウトブレイクは規模が大きく、地域の医療施設が相対的に不足しているため、臨床効果は限られていた。また、ルワンダ難民キャンプのコレラが、標準的な抗生物質に耐性があるビブリオのエルトールO1型パンデミック株であると確認され、状況はさらに悪化した。このことは現地の保健当局やWHOから派遣されたスタッフにとって、大きな問題となった。この対応は、ザイール軍、世界各国の救援部隊、フランス軍、アメリカ軍の部隊が参加する史上最大規模の救援活動であった。だが、コレラの蔓延はあまりにも速く、これらの部隊の総力を結集しても効果を発揮するには至らなかった。

発生から3週間で100万人が感染した。現代の知識と市民や医療者の必死の努力をもってしても、この疫病で5万人もの犠牲者が出たといわれている。コレラ菌のような抵抗力のある病原菌が、別の微生物の餌食になるとは考えにくい。しかし、まさにそのようなコレラ菌に対して攻撃をしかける謎の微生物を、流行の傍らで歴史に残る観察結果としてイギリス人医師が記録していた。キブ湖でコレラが発生する1世紀前のことである。

1896年、アーネスト・ハンブリー・ハンキンがガンジス川とヤムナー川の汚染水で異常なものを観察したのは、インドでコレラを研究していたときであった。ハンキンは、飲料水を飲む前に煮沸するという単純な方法で、地域の人々を疫病の致命的な被害から守ることができることをすでに発見していた。新たな実験で、彼はコレラ菌の培養液に煮沸していない川の水を加えて観察したところ、煮沸していない水の病原体が菌を死に至らせることに驚いた。川の水に含まれる「未知のもの」がコレラ菌を食い物にしているように思われたのはこれが最初であった。

ハンキンはさらに謎を探った。水を培養液に加える前に煮沸すると、コレラ菌を殺す効果がなくなることを発見した。このことはコレラ菌を殺す病原体が、生物学的性質を持っている可能性が高いことを示す。それが別の細菌なのか（細菌が互いに敵対していることもある）、あるいはまったく異なる何かであるのか、本当に謎の病原体なのか、実際に細菌を殺していたのか、ということを知る必要があった。ハンキンは、フランスの微生物学者シャルル・シャンベランとルイ・パスツールが12年前に開発した、パスツール―シャンベラン濾過器「無菌フィルター」を使って、新しい実験を立ち上げることにした。

パスツール―シャンベラン濾過器は、磁器製のフラスコのような装置で、細孔径が0・1〜1・0㎛［1マイクロメートル（㎛）は1メートルの100万分の1］までの格子に液体抽出物を通すことができる。それよりも小さいものはどんなものでも通過させることができる。濾過器が発明されてから2年後、ドイツの微生物学者アドルフ・メイヤーは、タバコモザイク病として知られるタバコ植物によくある病気が、パスツール―シャンベラン濾過器を通過した濾液によって感染することを示した。残念なことに、彼は病気の原因は何らかの非常に小さな細菌に違いないと自分に言い聞かせた。1892年、ロシアの微生物学者ドミトリ・イワノフスキーが実験を繰り返したところ同じ結果が得られた。彼は原因が細菌であることを否定したが、それでも液体抽出物には非生物化学的毒素があるに違いないという誤った結論に達した。

1896年、ハンキンがインドの川の水で謎の病原体を探していた同じ年に、オランダの微生物学者マルティヌス・ベイエリンクはタバコモザイク病のフィルター実験を繰り返していた。ベイエリンクは、原因物質は細菌でも化学的毒素でもなく、「生命を持った感染性の液体」であるとついに結論した。ベイエリンクは最も真実に近かったが、またしても間違っていた。

今日では、タバコモザイク病の原因がウイルス、つまりタバコモザイクウイルスであることがわかっている。だが、ベイエリンクが「感染性の液体」として誤って発見したことにより、現在のオックスフォード英語辞典の「ウイルス」の定義は「毒、ぬめりのある液体、不快な匂いや味」となっている。

ウイルスは毒でも、ぬめりのある液体でも、不快な匂いや味でもなく、細菌とは異なる、地球上の他のどんな生物ともまったく異なる、まさに注目すべき有機体である。ウイルスの大半は、パスツール―シャンベラン濾過器を通過できるほど小さい。

もちろん、ハンキンは、パスツール―シャンベラン濾過器のふるいに川の水を通したときには、ウイルスの存在をまったく知らなかった。彼はその謎の病原体にふさわしい説明や名前を与える立場になかったが、地球上で最も重要でどこにでもいるウイルスの1つを発見した。現在「**バクテリオファージ**」ウイルスと呼ばれるグループに属している。バクテリオファージは、ギリシャ語で「貪食《どんしょく》」を意味する「phagein」から名づけられた。それはまさに、ハンキンの実験でコレラ菌に起こっていたことである。コレラ菌はバクテリオファージウイルスによって「貪り食われていた」のだ。

ハンキンの発見の真偽は1915年まで謎のままであった。その年、イギリスの細菌学者フレデリック・トワートがパスツール―シャンベラン濾過器を通過しても細菌を死滅させることができる同様の非常に小さい病原体を発見した。今ではウイルスの存在が知られているが、当時、生物学者はウイルスについてほとんど知らなかった。トワートは自分が観察しているのは、細菌の生活環の自然な段階か、細菌自身がつくり出す致死的な酵素の結果か、あるいは細菌の表面で増殖して細菌を破壊するウイルスかのいずれかであると推測した。その2年後、フランス系カナダ人で独学の草分け的な微生物学者フェリックス・デレルがついにこの謎を解き明かした。

デレルはカナダのモントリオールで生まれたが、自分は世界市民だと思っていた。ウイルスにかかわる前から、アメリカ、アジア、アフリカ諸国を転々としていた彼は、最終的にパリのパスツール研究所に落ち着いた。当時、微生物学の分野は流行の先端を行く科学研究であり、その知識基盤は急速に拡大していた。チュニジアでの研究中に、デレルは細菌に感染し、貪り食うことによって細菌を死滅させるウイルスに遭遇した。近くで第一次世界大戦が勃発したときにも、細菌性赤痢として知られる不気味な疫病に特別な関心を持った。泥だらけの塹壕で多くの兵士が疫病によって亡くなっていたのだ。

細菌性赤痢は、アメーバ赤痢とは異なり「赤痢菌（Shigella）」が原因となる。感染者の糞便が手から口を経由して伝染していく。その症状は、軽度の腸の不調から、激しく苦しむ腸の痙攣《けいれん》など（高熱、血性下痢、医師が「衰弱」と呼ぶものを伴う）の重度なものまでさまざまである。1915年の7月と8月にはフランス陸軍の騎兵隊で出血性細菌性赤痢が発生した。そこはパリから50マイル（約80・5km）ばかり離れた仏独前線で、膠着状態に陥っていた。集団発生に関する緊急の微生物学的調査がデレルに割り当てられた。原因となっている細菌を徹底的に調査する過程で、「赤痢菌に対して目には見えない敵対する微生物」を発見した。赤痢菌は寒天培地上で不透明で均一に増殖するが、溶解による透明な穴が現れたのである。それまでの研究者とは違い、彼は自分が発見した本質を躊躇せず認めた。「私は一瞬で理解した。穴の原因は、細菌に寄生したウイルスなのだ」。

デレルの直感は正しかった。実際、今日までに我々が知っているウイルスの名前を「バクテリオファージ」と命名したのはデレルである。フランス系カナダ人の微生物学者はさらに運がよかった。重度の赤痢に苦しんでいる騎兵を研究していたとき、患者の血便を数滴ずつ繰り返し培養した。いつものように赤痢菌を培養プレートで増殖させ、パスツール—シャンベラン濾過器に液体抽出液を通し、ウイルスの有無を検査できる濾液を得た。来る日も来る日も、ガラス瓶容器に入れた赤痢菌の新鮮培養液に濾液を加えて検査した。3日間、培養液はすぐに濁り、赤痢菌の増殖が確認された。4日目も新しい培養液はいつものように濁った。だが、同じ培養液を2晩培養してみると、デレルは劇的な変化を目の当たりにした。彼の言葉を借りれば、「細菌はすべて消え、水の中の砂糖のように溶けてしまった」ということである。

デレルはこれを騎兵の腸にも存在するバクテリオファージウイルスの影響であると推測した。赤痢菌を貪食することができるバクテリオファージウイルスである。そのとき、さらに天才的なひらめきが起きた。感染した患者の体内で同じことが起きていたとしたら？ 彼は病院に駆けつけ、夜の間に騎兵の容体が大きく改善し、その後、完全に回復したことを知った。当時、赤痢、腸チフス、結核、連鎖球菌などの細菌感染症は、世界中で病気や死亡の大きな原因となっていた。感染症を治療する抗生物質はまだなかったため、どのような治療法であっても切実に必要としていた。デレルは赤痢菌バクテリオファージの観察から、次のような考えが頭に浮かんだ。「ファージウイルスは、危険な細菌感染を治療するという明らかな目的を持って培養されるようになるかもしれない」。

1920年代から1930年代にかけて、デレルはバクテリオファージの医療応用に関して広範に研究し、細菌感染に対するファージ療法の概念を導入した。この治療法は、旧ソビエト共和国のグルジアで広く用いられ、アメリカでも1930年代、1940年代に抗生物質が開発されるまで続けられた。その後、薬を使用するほうがはるかに簡単で非常に効果的であることがわかり、抗生物質がバクテリオファージ療法に取って代わった。しかし、デレルはこの研究を続けた。この死に至らしめる存在は非常に小さく最も強力な光学顕微鏡でさえ完全に見えない。とはいえ、獲物である細菌と接触したときにはとても力強く見えた。

1926年、デレルは現在では歴史に残る『The Bacteriophage（バクテリオファージ）』（未邦訳）という本を出版した。その中で、バクテリオファージウイルスに関する研究と思慮に富んだ推定を述べている。今日我々が認識しているように、バクテリオファージの重要性は当然明らかにされるものである。これは先駆的な研究者であるフェリックス・デレルでさえ、このとき想像したであろうあらゆることをはるかに凌いでいる。

振り返ってみると、何十年も前であったにもかかわらず、デレルが自然界の驚異を相手にしていることを明確に理解し、著書の中で次のように明言したことは注目に値する。細菌にとって恐ろしいほど致命的なこれらの病原体は、バクテリオファージウイルスとその宿主細菌との相互作用においても並外れたバランス効果を発揮していた。デレルは次のように言っている。「**混合培養は、バクテリオファージの毒性と細菌の耐性が平衡状態になることで生じる。このような培養では、真の意味での共生**（symbiosis）**が成立する。すなわち、寄生は感染に対する耐性によって均衡が保たれる**」。微生物学の歴史の中で、ウイルスに言及して「共生（symbiosis）」という言葉が使われたのは、これが初めてのことである。

デレルは、脚注でバクテリオファージウイルスと細菌の相互作用だけでなく、近年、すべての陸上植物で発見された共生関係との類似性を示し、その意味合いをさらに強調した。植物の共生関係では、土壌中の菌類が植物の根に侵入して「菌根（mycorrhiza）」を形成し、それによって、菌類は植物に水とミネラルを与え、植物は光合成によって得られるエネルギー代謝物を菌類に与える。さらに、デレルの言葉を借りれば、「細菌とバクテリオファージのふるまいは、まさにランの種子と菌類との共生である」。

デレルは現在、ウイルス学と分子生物学の父として多くの科学者に認められている。しかし、ウイルス学や微生物学の世界が一般的になり、バクテリオファージの共生についてのデレルの当初のビジョンが再発見されるまでには何年もかかるだろう。

第4章

子どもを標的にするウイルス

麻疹、ムンプス、風疹

親なら誰でも、子どもの発疹や発熱の不安が身近にある。愛する子どもが熱を出して汗だくになり、不安に襲われ、咳が止まらず、嘔吐していると、動揺するのは当たり前のことだ。夜の暗闇の中、さらに悪くなるのではないかと心配して眠れない。その心配とは、闇夜で子どもに実際に起こった過ぎ去った恐怖の名残かもしれない。抗生物質、抗ウイルス薬、そしてこうした恐怖を寄せつけないワクチンによって守られている今、我々家族はどれだけ幸運なことか。だが、これらの進歩は医療や社会にとって比較的新しいものである。1950年代に、先進国であっても人類のほとんどが感染症で死んでしまった事実を忘れてはならない。つい最近のことである。

3種混合ワクチンができるまでは、親の不安の主な原因の1つは、麻疹（はしか）であった。ごくありふれているが、非常に感染力の強い、子どもの熱病である。麻疹が比較的新しい病気であることは驚きである。5世紀に、ヒポクラテスは古代ギリシャの一般的な病気について記載している。そこには、ウイルスが原因のヘルペスや原生生物が原因のマラリアのような感染症については、はっきりと記録されている。けれども、この博識な古代の権威は、麻疹の症状や徴候に該当するものを記述していなかった。

麻疹は、目立つ発疹と発熱、強い感染力、そして子どもによく見られることなどから、見逃される病気ではない。「麻疹（measles）」という名前に手がかりがあり、アングロサクソン語の「斑点」を意味する「maseles」に由来する。麻疹に関する初めての記述は、10世紀のペルシャの医師アブ・ベクルのものである。7世紀にこの病気の臨床所見を初めて作成したヘブライの医師、エル・イエフディを引用したラゼスの記述も知られている。ラゼスは麻疹を子どもの病気であると認識し、同じように流行しているがはるかに致命的な発疹が生じる天然痘と区別した。

麻疹の典型的な症状は、40℃を超える高熱、激しい咳、鼻水、眼の炎症などである。発熱してから2〜3日すると、炎症を起こして赤くなった頬の内側の粘膜に小さな白い斑点が見られる。これらは「コプリック斑」と呼ばれ、この斑点によってこの病気の診断がつく。ほぼ同時に、平らで真っ赤な発疹がほとんどの場合は顔から始まり、体の残りの部分に広がっていく。発疹とその他の症状が通常7〜10日間続き、一般に健康で栄養状態が良好な子どもの場合は完全に回復する。栄養不良の子ども、特に医療施設が十分ではない開発途上国の子どもたちに多い少数の症例では、麻疹が重篤な合併症を引き起こすことがある。

風邪と同様、麻疹はヒトに特有の病気だが、実験室でサルに人為的に感染させることができる。ヒトに特有であるということは、ヒトが自然界にある麻疹ウイルスの貯蔵庫であることを意味し、自然宿主［自然界で宿主となっている生物］であるということだ。麻疹ウイルスが感染を広げ、新たな娘ウイルスを生み出すことができる唯一の場所はヒトなのだ。これは、ヒトと麻疹ウイルスとの関係、つまり共生関係は長い時間をかけて進化してきたことを意味する。共生学的な言い方をすれば、どちらの「パートナー」にとっても進化的意味合いがあるのだ。

麻疹の原因ウイルスである**モルビリウイルス**は、パラミクソウイルスと呼ばれる広範なウイルス科の、「クレード」［共通祖先から進化した生物種］として知られる群の変種に属している。麻疹ウイルス粒子（ビリオン）は、風邪ウイルスに似た球状で、ゲノムはRNAの一本鎖で構成される。ゲノムは、風邪ウイルス同様にカプシドに包まれているが、麻疹ウイルスのカプシドはさらに「エンベロープ」で包まれている。エンベロープ上には、感染過程で重要な役割を果たす多数のスパイクがある。

麻疹は世界中に分布する非常に感染力の強いウイルスであるが、感染しやすい子どもが常に存在する集団で、「風土病性の（地域流行、エンデミック）」感染症としてのみ生存することができる。のちほど麻疹ワクチンの話をするときに、この知見に戻ろう。麻疹ウイルスは、風邪と同じようにエアロゾルの吸入により広がる。最初の標的細胞は、ここでも、呼吸器の粘膜細胞である。だが、鼻と喉に集中する風邪ウイルスとは異なり、麻疹ウイルスは下気道［気管から肺までを表す概念］に向かう。理由は不明だが、ウイルスは結膜細胞を偏好する。臨床症状の一般的な徴候である眼の炎症は、これによって説明がつく。

感染後2〜4日の間に、ウイルスは標的細胞内で局所的に増殖する。異質なウイルスの存在により局所的な炎症が起こり、白血球の一種であるマクロファージが感知する。マクロファージは通常、不要な残骸、死んだ細胞や病気の細胞、侵入してくる寄生虫などを貪り食う。この過程を「ファゴサイトーシス（食作用）」と呼ぶ。読者もウイルスとその行動について、少しは知っているだろう。残念ながら、予想どおり、この食細胞が麻疹ウイルスの最終的な標的細胞となる。

ウイルスは食細胞を乗っ取り、侵入し、内部で複製する。そして、所属リンパ節への移動を利用し、そこでウイルス複製の第二段階が始まる。リンパ節から白血球と呼ばれる別の種類の白い血液細胞に侵入し、感染した細胞によって血流へと運ばれ、あらゆる細胞、組織、特に皮膚に広がる。特有の発疹や高熱が現れるのは、「ウイルス血症（viraemia）」すなわちウイルスが血流に入って全身に広がるこの段階である。

風邪ウイルスと同じように、麻疹ウイルスには特有の症状がない。増殖するウイルスが標的とする細胞のマクロファージは、免疫システムにおいて防御の第一線である。食作用の他にも、マクロファージはヒトが本来持っている「自然免疫」で重要な役割を果たしている。また強力な防衛システムが始動する場面でも重要な役割を果たす。「適応免疫」は、ウイルスの表面膜上の外来抗原を「自己（self）」という体の概念に対して「異質なもの」として同定する。これらの外来抗原をリンパ球などの細胞に提示することで、特異的な免疫認識が始まり、ウイルスに対する抗体が産生される。抗体応答［抗原刺激に対する免疫応答のうちB細胞による抗体産生によってもたらされるもの。B細胞はリンパ球の1種で、抗原を認識することにより抗体を分泌する形質細胞へと分化する」は、「細胞性免疫」として知られる、もう1つの重要な免疫防御と同時に起こる。最終的には外来の脅威を破壊するために、免疫応答の強力な仕組みのすべてが協力して働く。

何年も前、私はイギリスのシェフィールド大学の医学生として、まさにこのようなウイルスの血流への侵入に対して哺乳類の免疫システムがどのように応答するかを実験した。微生物学教授のマイク・マカンテガートの助けを借りて、ウサギの血流にウイルスを注射し、ウサギの免疫システムがどのようにウイルスに対処するかを観察した。一次接種から始めて、1週間ほど後に追加接種を行った。実験動物を傷つけることを心配する読者もいるかもしれないが、使用したウイルスはΦX(ファイエックス)174というバクテリオファージである。大腸菌だけを攻撃するウイルスなので、ウサギは病気にはならない。

ウサギの適応免疫システムは、哺乳類の免疫システムが異質な侵入者に応答するのとまったく同じように応答し、抗体が産生された。21日後にはピークに達し、免疫のあるウサギの血清を1滴垂らすと、たった数分で10億のウイルスを不活化する[ウイルスの感染力や毒性を失わせる]ことが確認された。そこで、大学の研究者の協力を得て、電子顕微鏡下で実際に何が起きているのかを写真に収めた。そこにはシリンジ型のファージウイルスが抗体分子に圧倒され、粘着性の抗体で覆われた凝集体になっていく様子が示されていた。それらは絶えず見張っている貪食細胞によってすぐに一掃され、取り除かれていく。
ファージウイルスの実験で観察されたことは、麻疹にかかった子どもに起こり得ることと似ている。ウイルスに曝露されてから1〜12日の潜伏期間があり、その間に気道の標的細胞を通過し、リンパ腺を介して血流に入る。この段階で発熱、咳、鼻水、眼の炎症を伴う病気が明らかになる。2〜3日後、コプリック斑が頬の内側に現れる。発疹は顔に現れ、1〜2日かけて皮膚に広がる。皮肉なことに、発熱や発疹などの顕著な症状や徴候は、ウイルスに対する免疫システムの攻撃によって引き起こされている。同じく免疫システムの働きによって大多数の子どもは完全に回復していき、その後も免疫システムはウイルスの表面抗原の記憶を保持する。これにより、ほとんどの場合、その後、麻疹に対して抵抗性を持つようになる。しかし、さらに下痢、肺炎、失明、そして脳炎と呼ばれる脳の炎症などの深刻な合併症により、一部の子どもがひどく苦しめられるのは痛ましいことである。

1963年に麻疹ワクチンが導入される前は、世界中で2〜3年ごとに麻疹の大規模なエピデミックが起こり、約260万人の死者を出した。読者は愕然とするかもしれないが、安全で費用対効果の高いワクチンが感染予防に利用できるにもかかわらず、今日でも麻疹は子どもの主要な死因の1つである。WHOは、2000〜2016年の間に麻疹の予防接種によって約2040万人の死亡を防いだと推定している。しかし、悲劇的なことに、2016年には、この予防可能な感染症で9万人もがいたずらに亡くなっている。

麻疹が珍しくない世代とは異なり、最近では先進国の親のほとんどは、家族内で麻疹に対応した経験がほとんどないか、あるいはまったくないだろう。これは今では多くの国で政策となっているMMRワクチン接種プログラムの恩恵によるものである。MMRワクチンは、麻疹(Measles)、ムンプス(おたふく風邪、Mumps)、風疹(Rubella)の3種類のウイルス性疾患から子どもたちを守る。だが、いわゆる「MMRの誤情報によるパニック」に誤導された一部の親が子どもの予防接種を取りやめたことでMMR3種混合ワクチンはさまざまな国で論争が巻き起こっている。

本章の後半でこの重要な話題に戻るが、まずはこのワクチンに含まれる他の2つのウイルスについて見ていきたい。

「**ムンプス**(**おたふく風邪**)」と呼ばれる感染症は、「ふさぎ込むこと(to mope)」という意味の古い言葉に由来する。倦怠感と熱に打ちひしがれ、発症から1日後には頬の内側の片側または両側の耳下腺が痛みを伴って腫れ上がり、「耳下腺炎(parotitis)」と呼ばれる状態になる。この言葉は苦しむ子どもを適切に描写している。原因ウイルスである**ムンプスウイルス**は麻疹とは別のパラミクソウイルスであり、これも世界中に広がっている。麻疹とは違い、ムンプスはヒポクラテスにとって馴染みの深いものであった。2500年ほど前のことである。ムンプスもヒトの宿主に特異的で、依存している。共生学的にいえば、「共進化するパートナー」であり、ヒトは唯一自然界の貯蔵庫である。ムンプスウイルスは通常、呼吸器経路で感染するが、ウイルスに感染した唾液で感染することもある。

幸いなことに、ほとんどの場合、症状は数日以内に治まり、免疫システムが速やかにウイルスを排除するため、通常は問題なく回復する。場合によっては、本人がウイルスに出くわしたことに気づかないほど軽症なこともある。しかし、思春期以降にムンプスに感染する男性の20％は「精巣炎」という精巣の炎症を引き起こす。これは、耳下腺炎の発症後4～5日後に片側または両側の精巣が腫れ、重度の局所的な痛みとして現れる。睾丸の萎縮が起こることもあるが、幸い精巣炎は、通常、その後の不妊の原因にはなることはない。まれではあるが、ムンプスが女性の卵巣に炎症を起こすことがある。男女ともに膵炎を起こすことはほとんどない。ムンプスは、ウイルス性の髄膜炎（「無菌性」髄膜炎）や、麻疹と同様に脳炎を引き起こすこともある。髄膜炎や脳炎は重篤な内科的合併症である。通常は入院を余儀なくされ、場合によっては死に至ることもある。

「ドイツ麻疹（German measles）」と呼ばれる風疹があるが、ドイツの感染症ではなく、世界中に広がっている感染症である。この病気は2人のドイツ人医師が18世紀に初めて記述した。麻疹とは関係ない。実際、原因ウイルスは「**トガウイルス**」である。このウイルスの一科の中で、唯一昆虫に刺されて広がらない例として興味深い。**風疹**は感染性で、一般的には軽度のウイルス感染症であり、主に子どもや若い成人が感染する。だが、胎児に重要な胚発生が起こる妊娠初期の女性がウイルスに感染すると、胎児が死亡したり、「先天性風疹症候群（congenital rubella syndrome）」（CRS）として知られるさまざまな重度の先天異常を引き起こしたりする。先天異常には、聴覚障害、眼や心臓の異常、自閉症、糖尿病、甲状腺機能不全などがある。

ここで重要なのは、風疹は麻疹やムンプスと同じように、「ヒトだけのもの」であるということだ。これは、3種のウイルスすべての貯蔵庫または宿主がヒトだけであることを意味する。共生学的にいうと、ヒトは唯一のパートナーということである。つまり、ワクチン接種などで貯蔵庫を封鎖すると、病気は姿を消してしまうのだ。

イギリスやアメリカなどの先進国では、予防接種によって、麻疹、ムンプス、風疹の3種類のウイルスによる感染症リスクがすべて大幅に減少している。さまざまな誤情報によるパニックを踏まえて、このようなワクチンの目的と、実際にワクチンの効果を理解することが重要である。

ワクチンは、ウイルス感染による苦しみや合併症から子どもたちを守るために、生きている無害なウイルスや、さまざまな生きたウイルス、死んだウイルス、さらにウイルスの一部から抗原を取り出したものを用いる。麻疹、ムンプス、風疹の3種の弱毒化生ウイルスが混合されたMMR3種混合ワクチンを導入した国では、3種のウイルス性疾患すべての有病率が大幅に低下している。残念ながら、MMRワクチンが自閉症のリスクを高めるという科学的に証明されていない主張のために、一部の親は子どもへの予防接種を控えるようになった。

信頼できない情報源からの誤情報を無視して、医師や保健当局のアドバイスに注意を払う必要がある。そうしないと好ましくない結果を招く可能性がある。ミネソタ州のソマリア系アメリカ人コミュニティの最近の事例では、ワクチンのせいで子どもの自閉症が増えたと誤解し、MMRの予防接種をやめてしまったのだ。そこで、ミネソタ大学、アトランタの疾病管理センター、米国国立衛生研究所が共同で実態を調査した。結果は、ソマリア系アメリカ人の自閉症の発生率が、予防接種を受けた都市の白人と変わらなかった。残念なことに、2017年5月、ミネソタ州では27年間で麻疹による最大規模のアウトブレイクが起こった。州当局は、ソマリアの子どもたちをできるだけ早くワクチンの追加接種で保護するよう勧告した。

この危険で感染性の高い幼児期の病気が再燃したのはアメリカだけではない。2018年5月、イギリスの「デイリー・テレグラフ」紙は、ベルギー、ポルトガル、フランス、ドイツで麻疹が増加し、ヨーロッパ大陸全域で麻疹が再燃していると報じた。ここでもまた、麻疹ワクチンと自閉症が根拠なく関連づけられたことによって、MMRワクチンの有効性が損なわれていた。その結果、麻疹の発生率が記録的に低かったヨーロッパ全体で、2017年から300%増加し、2018年には症例数は推定2万1000例、死亡者数は約35人と報告されている。イギリスでは、MMRワクチンと自閉症との関連についての同様の誤情報が何年も続いたため、10代後半から20代前半の多くの人が幼少期にワクチンを接種していなかった。その結果、今ではこの危険なウイルス感染症にかかりやすくなっている。2018年7月、「タイムズ」紙は、イギリス中の家庭医［イギリスの医療保障制度の特徴の1つが家庭医制度である。国民は自分の家庭医を決め、何かあればまず家庭医に相談し、家庭医の判断で必要に応じて病院の専門医の医療を受けるようになっている］に全国的な警報が発せられていると報じ、イタリアで休暇を過ごした家族の感染に注意するよう警告した。イギリスだけでも、前年の274例に比べ、2019年の上半期には729例の症例が報告された。

不安に思う親は、知識が豊富な家庭医に相談すべきである。

第5章

細菌VSウイルス

大腸菌とノロウイルス

微生物について最も多い誤りは、ウイルスと細菌を混同することである。細菌とウイルス、この違いを認識することが重要である。地球上の生命の卓越した生態循環の中で、極めて異なる生物2種による相互作用の重要な役割を理解する第一歩であるからだ。

哺乳類の健康な大腸で最も多い細菌種が、**Escherichia coli（大腸菌）**で、通常は**E. coli（イー・コライ、またはイー・コリー）**と略される。実験室で最も広く研究されている細菌でもある。大腸菌も共生腸内細菌の重要な一員で、ビタミンKの産生とビタミンB12の消化吸収を助ける。また、病原菌の侵入による脅威を減らすことにも貢献している。大腸菌は、手と口によるヒトとの触れ合いを介して生後40時間以内の赤ん坊の腸に侵入する。最も可能性が高いのは、子どもを愛撫し、授乳する母親からである。これはもちろん脅威などではなく、ヒトと細菌の重要な共生関係の始まりなのだ。

大腸菌はいくつかの血清型に分類される。そのほとんどはヒトに無害か共生しているかのどちらかである。このため、ヒトの排泄物で皮膚が汚染されてもさほど心配する必要はなく、衛生面で問題となるだけである。だが、大腸菌には胃腸炎の原因となる病原性の血清型がある。これらは、食中毒騒ぎや食品回収に関係することもある。さらに毒性の強い病原性の血清型株は、尿路感染症を引き起こし、まれに生命を脅かす腸壊死、腹膜炎、敗血症、死に至る溶血性尿毒症症候群の原因となる。幸いなことに、これらの血清型は非常にまれであり、通常の環境では大腸菌はヒトの腸内細菌叢に貢献している。

光学顕微鏡で観察すると、この細菌は体長が約2・0μmで単細胞のソーセージ型細菌である。大腸菌は核を持たない原核生物である。「原核生物(Prokaryote)」はギリシャ語で「有核生物の前(before nucleated life forms)」を意味する。細菌は、細胞膜と細胞壁で包まれ、さまざまな血清型に分離されるタンパク質抗原を包含する。細胞壁は「グラム染色」と呼ばれる菌種の同定によく用いる色素を取り込まないので、グラム陰性菌に分類される。細胞壁はある種の抗生物質に対する障壁としても働く。たとえば、大腸菌はペニシリンの作用に耐性がある。多くの菌株は鞭毛を持っているので、栄養を求めてのたうち回る姿が見られる。大腸菌はヒトの腸の嫌気的な環境[無酸素の状態]に適応しており、腸壁の微絨毛に密着している。糞便で体外に排出されると、酸素がある環境でもしばらくは生き延びることができる。これが、家庭や食品加工現場で病原性血清型による食品汚染が起こる理由である。

このことから、微生物すべてが病原体として見られてしまう傾向がある。しかしながら、医療分野以外、微生物学者の間では微生物が自然界ではるかに大きな役割を果たしているという認識は以前からあった。たとえば、土壌中の細菌は生命のサイクルに不可欠である。死体や排泄物等の有機物は細菌によって分解され、再び他の生物に必要な栄養となる。生命を巡る物質やエネルギーの大きなサイクルが繰り返されるのだ。これらの土壌細菌は極めて重要で、もしこれらの細菌が姿を消したなら、地球上の生物ほとんどすべても同時に消えてなくなるだろう。このような生物の相互依存を「共生」という。我々ヒトは、共生を「親しみやすさ」や「一体感」の概念と混同しがちである。そのため、ヒトの概念が当てはまらない場合でもヒトの概念を当てはめてしまう。ここで、共生という概念が、実際に生物科学にとってどのような意味を持つのかを明らかにしたほうがいいだろう。

細菌やウイルスなどの微生物は考えない。感情を持つこともない。自身の行動は、宿主との関係で、偶然と進化の基本メカニズムが混在することから起こる。共生とは、仲良く手をつないで親しくする関係とは限らない。ダーウィンが「生存競争」と呼んだ生存に関するものなのだ。1878年、ベルリンのアントン・ド・バリーという植物学の教授は、共生を「異なる名前の生物が一緒に生きること」と定義した。現代の解釈では、「異なる生物種間の生物相互作用」と言い換えることができる。相互作用するパートナーの種は「**共生者**（**symbionts**）」、相互作用全体は「**ホロビオント**（**holobiont**）」［複数の異なる生物が共生関係にあり、不可分の1つの全体を構成している状態］と呼ばれる。

共生には、「寄生」、「片利共生」、「相利共生」があり、共生相互作用として定義される。寄生は、1種以上のパートナーが他方に害を与え利益を得る。片利共生は、1種以上のパートナーの一方にだけ利益があり他方には利益も害もない。相利共生は、2種以上のパートナーの双方に利益があり他方に害を与えない。相利共生は寄生として始まることが多いということを理解しておくことが重要である。実際、自然界では多くの関係が、両極端な寄生と相利共生の間に位置する。こうしたさまざまな相互作用は、自然界に存在する微生物とその宿主との多様な生物相互作用をよく表している。たとえば、大腸菌という細菌と、ヒトの腸に感染しやすいウイルス、いわゆる、冬の嘔吐の原因であるノロウイルスを比べてみるとよくわかる。

ノロウイルスは世界中で胃腸炎の最大の原因となっており、下痢、嘔吐、胃痙攣などの不快な症状がよく知られている。便―経口経路により感染が拡大しやすく、汚染された食品や水を介して、あるいは他の患者から接触感染によって広がる。またしても、我々ヒトが唯一の宿主のようである。これは、ウイルスにとってヒトが自然界の貯蔵庫であることを意味する。

一般的に、感染にさらされてから12〜48時間後に症状が現れ、微熱や頭痛を伴うことが多い。腸の炎症は、赤痢で見られる血まみれの下痢を起こすほど重度であることはまれで、通常は数日以内に回復する。たいていは自然治癒するため、診断は症状だけで行われがちで、特に特定の地域で集団発生した場合にその傾向がある。特別な治療はたいてい必要としないが、脱水症にならないように水分摂取量を増やすことと、一般的な解熱薬と下痢止め薬の服用が有効である。通常は検査による確認は必要ないが、公衆衛生当局が接触者を追跡する場合、行われることもある。

丁寧な手洗いと汚染された表面の消毒が賢明な予防方針である。残念ながら、病院で使用されるようなアルコール系の手指消毒剤は、ノロウイルスには効果がないといわれている。

ノロウイルスは、カリシウイルス科の属に分類される。カリシウイルス科のウイルスは、カプシドにカップのようなへこみがあるので、カップまたは杯を意味するギリシャ語の「calyx」にちなんで科名が名づけられた。現在、通常の実験用培地では培養できないため、単一種は遺伝的に異なる6つの「遺伝子群（genogroups）」に分けられている。これらは、マウス、ウシ、ブタ、ヒトに感染する。ヒトの遺伝子型は、わずかな数のウイルスでも極めて感染力が強く、感染者からの大さじ1杯の下痢便には、世界中のすべてのヒトが何度も感染するのに十分な量のウイルスが含まれている。だが、これは驚くことではない。このような理論的な数値よりも感染の広がりのほうがはるかに大きいのだ。

ノロウイルスの問題は、症状が落ち着いた後も数日間は感染力が残っていることである。つまり、まだウイルスを伝播させることができるのに、職場などの通常の生活に戻れるくらい元気になっているのだ。そのため、病院、クルーズ船、学校、老人ホームなどの閉鎖的なコミュニティでの集団発生の原因となる。共同での食事の準備や共同の食事場所で、感染が起こりやすい。病気が比較的穏やかな性質であるにもかかわらず、感染しやすさと嘔吐や下痢による衰弱が組み合わさるため、ノロウイルスはカテゴリーBの生物兵器に分類されている［EUの規制では、生物兵器として利用される可能性の高い病原体として分類されている」。

世界では、年間約6億8500万人がノロウイルスに感染していると推定されており、そのほとんどがすぐに回復し、完治している。残念なことに、ごく少数ではあるが命にかかわる病気を引き起こすことがあり、世界中で毎年約20万人が死亡している。特に開発途上国では、5歳未満の子どもが最も感染しやすく、年間5万人もの子どもの死亡原因となっている。2002年以降、集団発生の報告数が増加していることが懸念され、保健当局に警告している。ノロウイルスを危険な「新興感染症（エマージング感染症）」として十分に警戒しなければ、さらに高い感染力を持つ株に進化する可能性がある。

ノロウイルスは球状で、直径は20nm〜40nmである。つまり、大腸菌の100分の1〜50分の1の大きさということになる。ウイルスは、細菌やヒトの細胞に見られるような細胞壁を持たない。しかし電子顕微鏡の非常に大きな倍率で見ると、正二十面体のカプシドを持っている。カプシドは、RNAゲノムを包んで保護している。大腸菌は、すべての細菌と同様に、そしてすべての細胞生物と同様に、DNAゲノムを持つ。

細菌ゲノムとウイルスゲノムを比較すると、細菌とウイルスの間には、その構造や構成のあらゆるレベルで大きな違いがあることがわかる。大腸菌ゲノムはコイル状になった単一の非常に長い環状DNAで、細胞壁の内側に1点で付着している。この細菌ゲノムには約4288個のタンパク質コード遺伝子の他、遺伝子発現に関与する重要な代謝機能をコードする配列が含まれている。細菌が遺伝の記憶を保存し、体内の生理や生化学反応にかかわる多くの代謝機能を遂行するには十分である。そのような重要な機能の1つは娘細菌を複製する過程をコントロールすることである。

細菌ゲノムと比較すると、ノロウイルスの対応物（1対をなすもの）は非常に簡素である。ウイルスゲノムは、コンパクトな直線状のRNA鎖の両端に調節領域がある。最低でも8つのタンパク質をコードし、このうち2つはカプシドのタンパク質構造をコードし、6つはウイルスの複製に関係している。細菌は自己複製に必要なものをすべて持っているが、ウイルスは複製して娘ウイルスをつくるためには、細胞宿主の遺伝的または生化学的特性を利用するしかない。これが、細菌とウイルスの決定的な違いである。ノロウイルスのヒト株の場合、ヒトの標的細胞の遺伝的または生化学的特性を利用する。

ノロウイルスゲノムは、「タンパク質病原性因子（protein virulence factor）」（もしくはVF1）という特異な攻撃性ウイルスタンパク質をコードしている。この恐ろしい存在は、ウイルスに感染している間、ヒトのミトコンドリアに局在し、ウイルスに対する感染者の自然免疫応答に対抗する。ウイルスの中には、宿主との片利共生や相利的な相互作用でさえ可能なものもあるが、ノロウイルスではそのエビデンスがほとんどない。ヒトとの共生相互作用はもっぱら寄生である。細菌と違って、栄養や体内の代謝経路に特化した遺伝子を持たないので、体内に代謝経路もない。そのゲノムは、人の生理機能、代謝経路、遺伝経路、そして移動、ライフスタイル、行動様式さえ利用するように設計され、自分自身を複製し、感染を可能な限り広く伝える。

今では、ウイルスは液体でも毒でもないことがわかっている。広い範囲で共生相互作用に従う生物であり、それぞれのウイルスは通常、特定の宿主と強くかかわっている。ごく少数のウイルスの宿主がたまたまヒトであったのだ。細菌とは明らかに大きさ、ゲノム構成、生活環が大きく異なる。ほとんどのウイルスが自身の代謝経路を持っていないが、ウイルスが代謝過程を利用していないわけではない。それどころか、ウイルスは宿主の代謝経路を利用する。よって、ウイルスを宿主から切り離して考えるのは誤りである。宿主の外ではウイルスは生物学的には不活性であるが、これは無機化学物質であることを意味するものではない。

ウイルスは、宿主の標的細胞の外では仮死状態の段階に進化している。この段階は、咳、くしゃみによるエアロゾルとしての噴出に非常に適している。また、糞便や性分泌物中に排泄されるか、あるいは人を刺す虫や狂犬病のイヌなどの二次キャリアによって運ばれ生き残っている。植物ウイルスの場合には、風に乗って、あるいは水を介して、あるいは他のさまざまな感染経路を介して新しい宿主を見つけるために運ばれる。新しい宿主との絶対的な共生関係に入って初めて、ウイルスは生物のような遺伝的または生物化学的な繊細さと効率性をもってふるまうのだ。

ノロウイルスもこのような共生的進化をするウイルスの例外ではない。ヒト宿主との共生相互作用で、ウイルスの特異性［特定の相手とだけ反応する性質］は非常に高く、さまざまなヒトウイルス遺伝子型は細胞膜上の特定のＡＢＯ血液型タンパク質［赤血球上に存在するＡＢＯ血液型抗原］に対して親和性がある。これらのタンパク質受容体は、ウイルスカプシドの２つのタンパク質のうちの１つと結合する。ウイルスの感染過程に不可欠な段階である。腸に入ると、ウイルスは小腸上部または空腸に好発する。ウイルスがどのようにして腸壁に侵入するのかは完全にはわかっていないが、腸壁のリンパ濾胞に選択的に感染するようである。これはパイエル板［哺乳類の回腸のリンパ小節集合体］として知られているが「Ｈ－細胞」と呼ばれる腸細胞も探し出す。ウイルスは腸壁に侵入した後、腸の自然免疫防御によって異物と認識される。だが、ウイルスにとっては標的細胞であり、問題ない。標的細胞が何であれ、ウイルスは自己複製のために遺伝経路や代謝経路を乗っ取ることが予想される。このようにして、感染と増殖のサイクルを何世代にもわたって構築していく。

ノロウイルスの研究に適した培養方法や動物モデルがまだ見つかっていないため、ノロウイルスがどのように嘔吐や下痢を引き起こし、世界中にウイルスを拡散させるのかを調べることができない。現在、予防ワクチンはないが、この文章を書いている今、経口ワクチンの試験が行われている。これらの試験の早期成功を願い、幸運を祈ろう！

第6章

思いがけず起こる麻痺

麻痺型ポリオウイルス

1921年の夏、39歳のフランクリン・D・ルーズベルトがファンディ湾でヨットから転落した。ファンディ湾は、カナダ東部のニューブランズウィック州とノバスコシア州の間に位置し、立ちすくむほど美しい入り江である。翌日、彼は腰の痛みに苦しめられ、その後、日が進むにつれ足が次第に弱くなり、ついには体重が維持できないと感じた。ルーズベルトは、灰白髄《かいはくずい》炎《えん》（ポリオ）を発症した。当時は「小児麻痺（infantile paralysis）」として知られていた。

ポリオは、同じ名前のウイルスによって引き起こされる。1921年には、**ポリオウイルス**についての知識、ウイルスそのものについての知識は医師たちの間では限られていた。しかしルーズベルトが冷たい水の中でもがいている間にウイルスに感染したわけではないということは知っていたようだ。ポリオウイルスの唯一の感染源は、すでに感染したヒトである。ここでも、もっぱらヒトの貯蔵庫を見ていく。なお、麻痺性疾患の系統は古くからある。

小児麻痺は、エジプトのファラオの時代の医師にも知られていた。ポリオの影響が驚くほど正確に墓の壁に描かれていたのだ。1921年当時は、今日のような麻痺に対する治療法はなかったが、幸い、ルーズベルトは並外れた生命力と精神力を持っていたので、ポリオによる麻痺を克服することができた。このハンディキャップにもかかわらず、第32代アメリカ合衆国大統領になり、前例のない4期にわたってアメリカ国民のために奉仕し続けたことは称賛に値する。

ウイルスはヒトの通例に従わないので、驚かされることが多い。主に腸内で増殖するウイルス、いわゆる**エンテロウイルス**が、通常の胃腸炎症状を引き起こさないこともその一例である。胃腸炎の原因となるウイルスは多岐にわたるが、その中にはさまざまなウイルス科がある。もちろん、カリシウイルス科のノロウイルス属も含まれる。胃腸炎にかかわるウイルスには、他にレオウイルス科の属であるロタウイルスがある。2歳未満の赤ん坊に嘔吐、下痢、発熱を引き起こす。その他、アデノウイルス、コロナウイルス、アストロウイルスなどがある。胃腸炎の臨床症状をお笑いのネタにしてしまうこともあるが、実際にはどの年代でも悩ましい症状である。さらに、発展途上国では、胃腸炎は子どもの最も一般的な死亡原因の1つであり、劣悪な衛生状態と汚染水の使用によって悲劇的な状況が悪化している。予想されるように、これらの病気は便—経口経路で伝播する。

エンテロウイルスは便—経口経路でも伝播し、腸内で増殖もする。ところが、不思議なことに胃腸炎に特徴的な発熱、嘔吐、下痢が見られない。それどころか、脳や髄膜、あるいは心臓、骨格筋、皮膚や粘膜、膵臓など、さまざまな臓器や組織に影響を及ぼす病気を引き起こす。これらは予測が困難で複雑である。このエンテロウイルスが原因となる病気で、最もよく知られているのが「ポリオ」である。カプシドタンパク質にわずかな違いがある3種のポリオウイルスの血清型はすべて、ピコルナウイルス科のエンテロウイルスである。ライノウイルスを含む非常に小さなRNAウイルスの科に属する。

エンテロウイルスの主な特徴は、酸に対する抵抗性である。このため胃を通過して消化管のさらに奥でウイルスの複製を行うことができる。ポリオウイルスは、最初に発見されたエンテロウイルスであった。その発見者であるエンダース、ウェラー、ロビンスは、1954年にノーベル賞を受賞した。

ポリオウイルスの唯一の宿主がヒトであることがわかってもそれほど驚くべきことではない。個々のビリオンの直径はわずか18nm～30nmである。おなじみの正二十面体対称のカプシドを持ち、比較的単純なRNAゲノムを内包している。小腸では、ウイルスは咽頭のリンパ組織と腸のパイエル板にある特異的な受容体分子に結合する。ここでウイルスは細胞の内部に侵入し、遺伝的プロセスを引き継いで細胞を娘ウイルス製造工場に変えてしまう。娘ウイルスは感染した細胞が破裂して放出される。その後、隣接する細胞に再侵入し、このプロセスを繰り返す。

このすべてが少しばかり恐ろしく、その上、死に至る可能性さえあるが、実際には、ポリオウイルスに感染した人のほとんどは、軽い下痢以外の病気の徴候を、ほとんど、あるいはまったく示さない。とはいえ、感染者の便にはウイルスがあふれている。ウイルスは便―経口経路で接触者に伝播する。ポリオはエピデミックの波に乗って集団を移動するのが特徴で、ほとんどの感染者はウイルスに出会ったことに気づかない。ほんのわずかな例で、ウイルスが脊髄の前角神経細胞に侵入する。神経細胞が感染して死ぬと、ルーズベルト大統領が経験した麻痺が起こる。奇妙に思えるかもしれない。神経細胞へ感染することは、ウイルスの感染や進化の道筋には、何の目的も果たしていないように見える。実際、この最も恐ろしいポリオの合併症は偶然の産物のようである。

ポリオウイルス感染の潜伏期間は通常1~2週間で、少数の患者で、軽度の倦怠感、発熱、喉の痛みなどの感染症の症状が見られる。これらはウイルスが血流に入ったことを示しており、通常は治療を必要とせず、長期的な影響もなく消えていく。ポリオに感染し、重篤な病気を引き起こすのはごく少数である。発症は通常、突然で、頭痛、発熱、嘔吐が起こり、髄膜炎特有の頸部硬直を伴うこともある。それでも、症状がある患者のうち大半は順調に回復していく。だが、ごく少数ではあるが極めて大きな影響を受ける患者が麻痺を発症する。

麻痺型ポリオ（paralytic poliomyelitis）はギリシャ語で「灰色」を意味する「polios」と「髄」を意味する「muelos」を語源とする。これは麻痺が脊髄の灰白質（前角）の破壊によって起こることに由来する。灰白質には、腕、脚、胸、その他の体幹の筋肉を支配する神経細胞体がある。脊髄にある神経細胞体が死滅すると、障害を受けた筋肉がぐにゃぐにゃになり麻痺が起こる。通常は発症後2～3日以内に起こる。麻痺が起こった子どもでは、四肢の成長と発達への影響が長期にわたって残る。

延髄灰白髄炎（延髄ポリオ）も同様の感染症で、脳神経の神経体に損傷を与える。その結果、咽頭が麻痺し、呼吸に関係する筋肉が障害を受けることがある。ワクチン接種が始まる前は、この恐ろしい合併症のために、一部の気の毒な患者は「鉄の肺」という装置で呼吸を補助する必要があった［患者の首以下の全身を鉄の箱の中に入れ、胸の周囲の空気の圧力を機械で加減して、長時間人工呼吸を行う］。

ポリオウイルス感染者の一部が麻痺をはじめとした重篤な病気を発症する理由は不明である。ウイルスが中枢神経系に侵入する頻度は、臨床症状が示すよりも高いというエビデンスもある。実際、後で述べるように、エンテロウイルスによって引き起こされる病気の特徴は、中枢神経系への侵入である。ある種の遺伝的傾向が何らかの役割を果たしているのではないかという考えもあるが、ただ運が悪かっただけかもしれない。先に見たように、手足の成長に影響がある子どもの麻痺は、古代エジプトからファラオの墓の壁画で確認された。なんとも不思議なことに、このような古くて容易に判断できる病気が、先進国であるヨーロッパとアメリカの寒冷気候で最初のエピデミックが始まった19世紀後半まで、ヨーロッパの医師には知られていなかったのだ！

経口弱毒生ウイルスワクチンを用いたワクチン接種プログラムは劇的な成功を収め、先進国では広くポリオが根絶された。2018年、「世界ポリオ撲滅イニシアティブ」によると、ポリオはアフガニスタン、ナイジェリア、パキスタンの3カ国のみで風土病となっている。現代の旅の手軽さと距離を考えると、この歴史に名を残す破壊的な病気が感染の可能性がある残りの地域で完全に根絶されるまでは安心できない［2020年8月25日、WHOによってアフリカからのポリオフリー（野生株ポリオの発生がない状態）が宣言された］。

ポリオは世界的に予防されつつあるが、人類を苦しめているエンテロウイルスはポリオだけではない。この科の他のウイルスは、先進国で今でも見つかっている。その中には、症状が不可解で、病気の経過中に臨床的に予測不可能なウイルスもある。最もよく知られているのは**コクサッキーBウイルス**で、ときに流行性胸膜痛の症状を示す。最初に確認されたデンマークの島にちなんで「**ボルンホルム病**」としても知られている。

流行性胸膜痛は、胸壁の肋間筋の炎症から生じる重度の胸痛として現れる。「悪魔の握り（the devil's grip）」として広く知られているように、突然発症する痛みの激しさは、心臓発作にそっくりである。コクサッキーBウイルスはときに脳の炎症を引き起こすことがあり、筋痛性脳脊髄炎、または「ロイヤルフリー病」という症状が現れる。ロイヤルフリー病は、最初に報告されたロンドン教育病院にちなんで名づけられた。同じエンテロウイルスによって、心臓の外側を覆う膜の炎症と組み合わさり、心筋炎［炎症細胞の浸潤を伴う心筋の壊死性疾患］が起こることもある。心膜炎として知られ、子どもも大人も発症し、ときに死亡することがある。エコーウイルスや70型、71型エンテロウイルスなど、その他のエンテロウイルスも胸部感染症の原因となる。筋肉、髄膜、脳の感染症にはさまざまな型があり、原因ウイルスの診断を確定するのは非常に難しい。

ウイルスとそれに伴う病気は非常に不可解である。ウイルスの謎めいた存在が発見されて以来、そのふるまいの背後にある進化上の目的について、必然的に疑問が生じてきた。不愉快で、ときには生命を脅かすウイルス感染の影響を見ると、そのようなふるまいがウイルスにどのような利益をもたらすのかと考えたくなる。ポリオウイルスの場合、感染者のごく一部で重篤な病気を引き起こすことは単なる偶然の出来事のように見える。だが、人類を一掃するようなウイルスは他にもある。感染者に恐ろしい病気を引き起こし、ときに高い死亡率をもたらす。これはますます不可解なことである。ウイルスにとって重要なのは、生存と複製を行うことだけだから宿主を殺せばウイルスの生存は確実に脅かされるはずである。同じ疑問を医学的な観点から見ると、次の疑問がわいてくる。

なぜウイルスの中には致命的なものがあるのか?

第7章

致死的なウイルス

ペストと天然痘

聖書ヨハネの黙示録に登場する四騎士は7つの封印を解いたとき、赤い馬、白い馬、黒い馬、青白い馬に乗って現れた。こうした騎士が何を意味するかについての解釈は神学者の間で異なるが、一騎士は一般に「疫病」と解釈されている。子どもの頃によく見られるウイルス感染症は、たいてい自然治癒するが、なかには死や苦しみをもたらす本当に恐ろしいものもある。歴史のページに刻まれた人類の2つの疫病によって「黙示録」の記述が広く世に認められた。中世の「黒死病（Black Death）」に見られた細菌によるパンデミックの「**腺ペスト**」がその1つである。もう1つはウイルスによる「**天然痘**」である。ともに古代から人類を苦しめ、歴史的記録や墓に恐ろしい遺産として後世に伝えられてきた。

黒死病は、鼠径《そけい》部や脇の下のリンパ腺が膿で腫れ、患者の皮膚に吹き出ていたことから、化膿した腫れ物、すなわち「横痃《よこね》（buboes）」を語源とする。感染したネズミのノミに咬まれることで、原因菌である**ペスト菌**に感染する。一般的には、腺ペスト（黒死病）は姿を消したとみなされているが、実際には、アメリカ、南米、アジア、アフリカの農村部では、依然として軽い症状の風土病である。世の終わりのような天然痘（smallpox）は、病気に伴う発疹が語源であった。皮膚の膿疱性の水疱が治癒し、深い円形の瘢痕《はんこん》、すなわち「あばた（pocks）」が残った。

ここで過去形を使うのは心地よい。天然痘は疫病として根絶されたからである。天然痘の臨床用語は「痘瘡（variola）」で、この病気は、原因となるウイルスによって、大きく異なる2種類の病気があった。大痘瘡（Variola major）［重症の天然痘］と小痘瘡（Variola minor）［致死率が低い天然痘］は、ポックスウイルス科の種である。**ポックスウイルス**は多種多様な動物に感染するが、ヒトに感染するのは3種のみである。2種の痘瘡ウイルスとその近縁種である伝染性軟属腫が、子どもの皮膚に小さな水疱を引き起こす。ここでは、いくつか変わった特徴を持つ痘瘡ウイルスに注目することにする。

ヒトは天然痘の唯一の宿主であるため、自然界で2種の天然痘ウイルスの唯一の貯蔵庫である。個々の「レンガ型」ビリオンはかなり大きく、長径は302nm～350nm、短径は244nm～270nmである。「メガウイルス（Megaviruses）」［2010年にチリ中部海岸沖で採取された海水から発見された。直径680nm、ゲノムは約126万塩基対で、遺伝子数は1120個。その巨大さからメガウイルスと名づけられた］が発見されて首位の座を奪われるまでは、ポックスウイルスがウイルス界の巨人であり、光学顕微鏡の高倍率で見ると小さな細胞質内封入体［光学顕微鏡で認めることのできる細胞内の特徴ある小体］に見えるほど大きかった。この特徴だけでも、我々はかなり複雑なウイルスに対処していることがわかる。

天然痘ゲノムは予想どおり大きく、DNAからなる。ウイルスにしては珍しく、自身のメッセンジャーRNAを合成する遺伝子を持ち、ウイルスタンパク質を製造している。このウイルスは独自にコードされた酵素と転写因子も持ち、感染した宿主細胞の細胞質内で娘ウイルス産生を制御する。

天然痘ウイルスは非常に感染力が強く、エアロゾルの吸入という最も感染力の強い経路で広がっていく。また、水疱を形成する発疹に皮膚が接触したり、汚染された衣類、寝具、食器、ほこりなどを介しても感染する。感染は通常、抵抗力のない人の喉や肺の気道へウイルスが侵入することから始まる。そこで、表層の管壁細胞に侵入し、ヒトの免疫防御の第一線である組織マクロファージに見つかる。マクロファージ内での感染段階では無症状であるが、ウイルスは究極の目標に向かって密かに進行している。

感染後約3日目頃には、マクロファージ内の「ウイルス工場」がリンパ管や局所リンパ腺に移動する。そこからウイルスは、「細網内皮系」〔生体のいたるところに分布し、貪食能を有し、生体染色を行ったとき、それらを取り込み保持することができる細胞系〕の重要な組織、特に骨髄、脾臓、循環血液へと広がっていく。これにより、細胞傷害性T細胞やインターフェロンなどの免疫によりウイルスへの大規模な反撃が開始される。だが、歴史と墓が示すように、この反撃はほとんどの患者で失敗している。症状としては、激しい喉の痛みが始まるのと同時に血液がウイルスを皮膚に運び、顔面や四肢に水疱や瘢痕《はんこん》（あばた）化発疹が好発する。水疱はウイルスが皮膚に直接侵入してできたもので、ウイルスであふれている。

歴史的には、天然痘は約1万年前にアフリカ北東部の農業集落で初めてヒトに広がり、古代エジプトとの交易によってインドにも広まったと考えられている。病気がこのような素朴な人々の間に広がることを想像すると悲しくなる。彼らが何を考えていたかを正確に想像することは不可能だが、伝染病から身を守るために簡単な対処法を定めていたことは間違いなく、同時に超自然的な力のせいにしていたであろうと思われる。特徴のある痘疹〔ポック〕が、紀元前1156年に亡くなったファラオ・ラメセス5世など、古代エジプトミイラの皮膚で発見されている。

天然痘（smallpox）、すなわち「小さな痘疹〔あばた〕（small pocks）」は臨床用語である。16〜17世紀にかけて、直径が1インチ（2・54センチメートル）以上の「大きな痘疹（great pocks）」と区別するために使われるようになった。大きな痘疹とは、アメリカからヨーロッパに持ち込まれた細菌による疫病の第3期梅毒の特徴〔感染後約3年で、結節性梅毒疹（赤銅色の結節が顔面に多発）、ゴム腫（皮下や骨、肝臓などに肉芽腫性炎症）が出現〕ではないかと医学史家は推測している。天然痘は、もっと早く、5〜7世紀の間にヨーロッパから入ってきた。感染症として中世に繰り返し流行をもたらした。

推定では1700年代後半に年間40万人のヨーロッパ人が死亡したとされている。5人の君主を含む社会のあらゆる階層に影響を与え、失明原因の3分の1を占めていた。さらに16〜17世紀にかけてのコンキスタドール〔メキシコ、中央アメリカ、ペルー文明を征服したスペイン人を指す言葉」による南米のアステカとインカの征服の際には、この疫病が重要な鍵となった。ユーラシアの冒険家が先住民族と接触することにより、疫病が流行し歴史をも左右したのだ。[*1]

今日では、ペストや天然痘の大規模なエピデミックがこのような未開根地の集団を襲っていく恐怖を想像することはもはやできない。当時、彼らは疫病が発生したことをすぐに知ったであろう。パニックに襲われた人々は猛烈な熱におかされた。天然痘の場合、ひどくなると、皮膚全体に水疱が生じ、最悪の場合は90％という恐ろしい致死率に達した。それはきっと、家族や村や町や都市を滅亡させようと、無情な悪魔が自分たちの世界に入り込んだかのように見えたに違いない。

だが、天然痘は決して一律の死に至る病気ではなかった。天然痘によるアメリカ大陸各地の実際の致死率を確かめることはできないが、最も深刻な影響を受けた地域では60～90％にもなるといわれているが、影響が小さい一部の地域では30～35％に減少している。この致死率の低さは、実際に同時期に発生したユーラシアの大痘瘡の算出された全死亡率と類似していた。すなわち、これらの地域ではすでにこのウイルスが風土病となっていたことがわかる。一方、アメリカ大陸でも、小痘瘡は軽度の病気で死亡率は約1％であった。歴史上最も致命的な疫病の1つである天然痘が、ワクチンによって初めて抑えられたというのは皮肉なことである。読者の多くは、イギリスの医師エドワード・ジェンナーが牛痘ワクチンを発見したことを知っているだろう。世界がウイルスの存在に気づく1世紀以上も前のことだ。

このようなまだ開化が進んでいない時代には、現在では「インチキ療法」とみなされるような治療法が、恐ろしい病気の予防法や治療法としてもてはやされた。たとえば、17世紀のイギリスでは、当時の名医であったシデナム医師は、天然痘で苦しんでいる患者の治療で部屋に火を入れないようにしていた。窓を完全に開けたままにし、寝具を患者の腰よりも高くしないようにして、24時間ごとに12本の小さなビールを飲ませた。他に何もなければ、ビールは苦しみに対する意識を鈍らせたのだろう。冬の治療で低体温症を起こすのは不快だったかもしれない。

しかし、天然痘の生存者はその後の感染に対して免疫があることは古くからよく知られていた。感染した患者の成熟した膿疱をメスで切り取って免疫のない患者に接種する危険な治療が、ジェンナーがワクチンを導入するずっと前からアフリカ、インド、中国で採用されていた。

ジェンナーは、乳搾りの女性が「私は牛痘にかかったことがあるので、天然痘には決してかかりません」と話したのを耳にしていた。ウシの軽度の痘感染症である牛痘は、ワクチニア（vaccinia）と呼ばれていた。「vacca」はラテン語で「乳牛」を意味する。1796年、ジェンナーは今では有名な、8歳の少年にワクチニアの水疱から膿を植えつけるという実験を行った。牛痘を患った乳搾りの女性から手に入れたものである。少年に免疫ができるのを待ってから、天然痘を接種した。幸いなことに、少年には免疫ができていた。ジェンナーの発見の重要性を否定するライバルがいたが、牛痘接種は天然痘の予防対策としてすぐに取り上げられた。今日でも、ジェンナーの造語である「ワクチン接種（vaccination）」と呼ばれている。

私が子どもの頃は、まだ天然痘の予防接種が義務づけられていた。左上の腕の皮膚には、今でも傷跡が残っている。直径が約半インチ（約1・3センチメートル）の不規則な楕円であばた状になっている。今日では、子どもたちはもう天然痘の予防接種を受けていない。この病気は、10年間にわたる国際的な天然痘ワクチン接種プログラムによって、人類から根絶されたからである。ワクチン接種プログラムは、WHOの支援を受けて活動していたアメリカ人医師ドナルド・エーンズリー・ヘンダーソンが指揮した。1979年に根絶が確認されたことで正式に承認された。

天然痘の根絶が驚くべき成果であったことは確かである。しかし、皮肉なことに、この成功によって現代人は、悪意ある攻撃を受けやすくなっている。生物工学を用いて死に至るように意図的につくられた天然痘ウイルスによる攻撃だ。ワクチン接種を受けたことのない新しい世代には、このような致死性株に対する防御機能が備わっていない。これが、天然痘ウイルスが現在カテゴリーAの生物兵器のリストに含まれている理由である。

天然痘の根絶後、天然痘ウイルスのサンプルは、警備が最高度の2カ所の研究施設でのみ保管することが国際条約で合意された。アトランタにあるCDCとロシアのモスクワにある同様の施設である。テロであれ国家間の正式な敵対行為であれ、このウイルスを生物兵器として使用しようとするあらゆる試みに対抗するために、継続的な研究が許可された。最悪の事態が起こったときには、この数少ないバイオセーフティ研究所で認可された最新ワクチンが我々を救ってくれることを願わずにはいられない。そのときは、これまでのどのワクチン接種プログラムよりも効率的に世界に広める必要がある。

では、なぜウイルスの中には、感染するとそれほど致命的なものがあるのだろうか？

我々人間は、知識、教育、道徳、自己認識という賜物を授かり、先を見据えて多くの局面を打開することができる。ウイルスにはそのような自己認識、道徳、先を読む能力はまったくない。彼らは、生存と複製という目標によってのみ動いている。だが、ウイルスを過小評価するのは間違いである。ウイルスはすこぶる効率的に目標を達成する。ヒトの免疫防御に打ち勝つために進化したウイルスのメカニズムに、危険なウイルスの致死性が間違いなく関連しているはずである。CDCでは、研究用に天然痘ウイルスの保存が許可されたことは真っ当である。アトランタのCDCでは、天然痘ウイルスによる大疱瘡がヒトの免疫をどのようにして圧倒するかについての重要な手がかりを得ることができた。

疱瘡ウイルスがヒトの組織に侵入すると、「自然免疫応答」がこの外来生物の侵入に対する防御の最前線となる。この自然応答の一部として、感染細胞はウイルスに応答してI型インターフェロン［ウイルス感染を抑制する因子］を産生する。I型インターフェロンは他の免疫防御と連動して、ウイルスを不活化し破壊する。CDCの研究者は、感染したヒトの細胞の内部で侵入したウイルスがI型インターフェロン結合タンパク質を産生することを発見した。このタンパク質は、ヒトI型インターフェロンを不活化する。ノロウイルスの感染により産生される病原性因子と同様に、有害なウイルスの戦略である。つまり、天然痘ウイルスのゲノムには、大痘瘡の重症化の説明がつく重要な病原性因子がコードされているのだ。このようなインターフェロン結合タンパク質の発見は、将来、新しいワクチンの開発や改良、抗ウイルス療法に役立つ。たとえば、ヒトに病原性の強い感染を起こすサル痘のような近縁ウイルスにも適用できる。

臨床用語では、「病原性(virulence)」は任意の宿主におけるあらゆるウイルス感染症または他の感染性の重症度を示す尺度である。ウイルスの場合は、ウイルスの感染能力と宿主の抵抗性や感受性との相互作用の結果である。昔の医者が、土すなわち我々人間と、種すなわち微生物との戦いと呼んでいたものだ。天然痘の死亡率が高い原因が、病原性因子の産生にあることがわかっている。実際、天然痘とノロウイルスから、病原性因子がさまざまなウイルス感染に共通しているのではないかと推測することができる。しかし、これを単純に仮定することはできない。おおまかな仮説を立てる前に、個々のウイルスとそのヒト宿主との関係を詳細に調べる必要がある。というのも、ウイルスによって宿主と相互作用するやり方が異なるということがわかったからだ。

臨床上の病原性は、特定のウイルス感染によって死亡する可能性を、可能な限り最も厳密な用語で評価する。これは、ワクチンの有効性を評価するパラメータである。多くのワクチン、たとえばMMR3種混合ワクチンは、ウイルスの病原性を「弱毒化」させることで作用する。臨床症状や感染の徴候を引き起こすことなく、多数の「未接種」の人々に投与することができる。同時に、ワクチンは同じウイルスのさらに毒性の強い株に耐性をもたらし、一生の間、重篤な病気を引き起こす可能性、あるいは死亡するリスクを減少させる。

ウイルス感染では病原性因子が重要であることは明らかである。しかし、それはウイルスの複雑さ、生物多様性の広い範囲にわたる宿主相互作用を説明する唯一の方法ではない。総合的に理解するには、「歯も爪も血まみれ（red-in-tooth-and-claw）」の自然[*2]の中で、ウイルスと宿主の相互作用の進化状況を考える必要がある。

＊1　先住民が経験したことのない、したがって免疫のない天然痘など病原体が持ち込まれ、先住民族人口の95〜98％は減少したと考えられている。この人口の減少に続いて文化的な混乱と政治的な崩壊が起こり、ヨーロッパ人による既存文明の征服と土地の植民地化が容易になったとされている。

＊2　『利己的な遺伝子』の中に出てくる表現で、ドーキンスはこの表現を「自然淘汰に対する私たちの現代的理解を見事に要約していると思う」と述べている。

第8章

全米を襲った疫病

ハンタウイルス感染症

ウイルスには知覚がないことを思い出してみよう。ウイルスは先を考えて行動計画を立てることはない。道徳もない。とりもなおさず、本質的に道徳とは無関係である。感じたり、見たり、聞いたりしない。宿主細胞の受容体がカプシド表面に提示されていることを認識する最低限の感覚のみ、触覚や味覚に似た最も原始的な感覚を持っているのである。ウイルスを駆り立てているものは、やはり原始的で、生き延びることである。宿主の呼吸器、消化器、または生殖器から侵入口を何とか見つけ出す。はたまた、刺咬《しこう》昆虫が動物の丈夫な保護皮や植物の表皮、あるいはヒトの表皮を貫通させるような外部の力を利用する。宿主の内部環境へ侵入すると、ウイルスは免疫防御の攻撃に耐えなければならない。標的細胞を探したり、一方では、標的細胞に発見されたりする。標的細胞（場合によってさまざまな標的細胞がある）がウイルスにとっての自然生態系となるのだ。

　標的細胞の細胞質、あるいは、おそらく核内で、新生ウイルスの活動が活発になる。保護カプシドを捨て、捕食性遺伝子ならではの遺伝子配列とタンパク質のゲノムをむき出しにして、遺伝的に関連する宿主の生化学経路で激しい相互作用を開始する。ここで、ウイルスをこれほど強力なものにしているのは、病気の原因として、あるいは共生的遺伝進化の原因としてウイルスが宿主の最も親密なコアと相互作用する能力にある。

この増殖ライフサイクルの中で、ウイルスは宿主の遺伝子や関連する化学物質を制御して自身の複製をつくる。これらは娘ウイルスとして多数放出され、侵入と複製のサイクルを繰り返す。これがウイルスの唯一の目的であり、地球上のすべての生物の目的をまさに原始レベルで要約している。自身の生存のために歯と爪の戦いをし、残酷で無情な自然の中で自らを再生するという目的である。これが、1994年にアメリカ南西部の危険な新興感染症の現場を訪れたときの私のウイルス観である。

その1年前、ニューメキシコ州、アリゾナ州、ユタ州、コロラド州の4州にまたがるフォーコーナーズ地域で、未知のウイルスが出現し、地元ではパニックが広がっていた。初発症例はナバホ族保留地であったが、このエマージングウイルスはナバホ族とは特に関係はなく、むしろ農村部の地域社会と関係していることがすぐにわかった。アウトブレイクの6週間以内に、原因ウイルスは、CDCの分子遺伝学者が確認した**ハンタウイルス**であることが判明した。実際に、ウイルスを分離して培養すると、新種のハンタウイルスであることがわかり、「**シンノンブレ**（**Sin Nombre**）」と命名された。文字どおり「名なし」のウイルスである[Sin Nombreはスペイン語で「名なし」を意味する]。ハンタウイルスはブニヤウイルスの一種で、ヒトにとって非常に厄介な病原体であるRNAウイルスの目《もく》である。例として、カリフォルニア脳炎ウイルス、リフトバレー熱ウイルス、オロポーチウイルス、腎症候性出血熱ウイルス、クリミア・コンゴ出血熱ウイルスがある。

私は、『ウイルスX』（角川書店）という本のための調査で、フォーコーナーズ地域を訪れた。そこで、エマージングウイルスの状況と進化するふるまいについて調べ始めた。私はいくつかの厄介な問いに対する答えを探していた。**エマージングウイルスはどこから来るのか？　どれだけ危険なのか？　なぜこのような致命的な攻撃性をもって行動するのか？　ウイルスから身を守るためにはどうしたらいいのか？**

シンノンブレハンタウイルスによるエピデミックは、現地ではまだ続いており、実際に非常に攻撃的であることがわかっていた。アルバカーキの大学病院で集中治療・呼吸器内科の現地コンサルタントが、親切にもインタビューに応じてくれた。さらに、集中治療室、回復期病棟、フォローアップ外来でも、何人かの患者と話すことができた。この経験から私は重要なことを教わった。これらのスタッフや患者とその家族に感謝している。

患者の1人をマリアン、母親をジョアンと呼ぶことにする。マリアンはブロンドの髪を少年のように短く切った21歳のほっそりした女性だった。彼女は色あせたジーンズをはいて、青いTシャツの上におそろいのデニムジャケットを着ていた。彼女の目にはつい先頃の死の淵からの生還がまだ映し出されていたし、体の動きはぎくしゃくして神経過敏になっていた。質問に答える前に少しためらいがあったが、その後彼女は早口で話し、ニューメキシコ特有の愉快な西部訛りで次のように述べた。

「いろいろ勉強になりました」と少し恥ずかしそうに言った。「そこで、私の話を他の人たちのために役立てたいのです」。

ジョアンとマリアンはフォーコーナーズを通る有名な国道66号線沿いの小さな町に住んでいた。その2カ月前の5月23日、マリアンは高熱を出した。看護師の資格を持つジョアンは、インフルエンザにすぎないと思い、マリアンにタイレノールとアスピリンを飲ませた。その日遅くになって、マリアンは吐き気を催しソファで休んだ。その状態が2日間続いた。その後、熱がさらに上がり、筋肉の激しい痛みが現れた。「肩、太もも、ふくらはぎ、背中に、とても鈍い痛みがありました。動くたびに痛みました」。翌日、ジョアンは60マイル（約97キロ）離れた老人ホームに働きに出た。マリアンの様子を知りたくなり、家に電話をしてジョアンは驚いた。マリアンは呼吸が苦しくてほとんど話せないのだ。喉ががらがらと鳴り、体温は39℃まで上昇していた。驚いたジョアンはマリアンの祖母に電話し、地元の病院に連れて行ってほしいと頼んだ。

高速道路40号線を通って急いで家に帰るあいだ、ジョアンの心には消えることのない恐怖があった。「神様、マリアンがハンタウイルスに感染していませんように！」

病院に到着したジョアンは、マリアンの姿に衝撃を受けた。娘は息を切らしていた。唇は紫色で、爪床《そうしょう》［爪の下面が接している皮膚の部分］は青色をしていた。口の周りには土色がかった紫色の円が現れ、肌は粘板岩のような灰色に変色していた。母親に手伝ってもらってトイレに何度も行き、嘔吐と下痢を繰り返した。ジョアンは病院のスタッフに、マリアンがハンタウイルスに感染したのではないかという不安を伝えたが、信じてもらえなかった。公平を期すと、スタッフの反応も無理はない。ハンタウイルスは地域でパニックを引き起こしていたが、ほとんどの病院で診断されることはめったになかった。スタッフはマリアンが普通のありふれた胃腸炎だと信じきっていた。そこで脱水症状を改善するために静脈に輸液を行った。

しかし、ジョアンはこの治療で娘が治らないことがわかっていた。マリアンが目の前で死んでいくと確信した。

自暴自棄になっていく中で、看護師でもあり母親でもある彼女は、娘の命を救うために自身が必死にならねばならなかった。ジョアンはヒステリックに大声を上げてスタッフに叫び、かかりつけ医を呼んだ。この医師は、マリアンが救急ヘリでアルバカーキの大学病院に搬送される前に、一度マリアンを診ていた。70マイル（約113キロ）の道のりの間、マリアンはずっと意識を失っていた。病院に到着して最初にマリアンの世話をした看護師と話したとき、マリアンが「溺れる！　溺れる！」と叫んだことを思い出した。シンノンブレハンタウイルスでは心疾患と肺疾患が混在する「心肺症候群」を引き起こす。肺が水分であふれ、患者は文字どおり、自分自身の分泌液で溺れる。マリアンが言っていたのは、まさに彼女の肺の中で起きていたことである。

だが今や、マリアンの命を賭けた闘いは、集中治療室の献身的な医師と看護師のチームに引き継がれた。彼らは前の年に、シンノンブレハンタウイルスとの激しい戦いをしていた。マリアンの胸部X線写真は、肺が完全に真っ白だった。呼吸は、人工呼吸器に移された。心電図は不規則だった。その日以降、心拍リズムは異常を示し続けた。医師らは、彼女にECMO装置を使用するか話し合った。ECMO装置は、心臓切開手術で使われる人工心肺装置に似ている。ジョアンはECMO装置が必要な場合に備えて必要書類に署名した。終始、予断を許さない状態であった。マリアンの臓器はいくつか機能しなくなり始めた。腹部の消化腺の炎症である膵炎を発症した。それは生命を脅かすものであった。また、肝臓も機能しなくなり始めた。骨髄が抑制され、貧血を起こした。血圧は狂ったように上下し、危険なレベルまで跳ね上がったり、非常に低いレベルまで下がったりした。どの合併症もみな、さらなる緊急治療を必要とした。

4日間、ジョアンは娘のベッドから離れることを拒んだ。マリアンが寝ても離れなかった。

「私はそこに立ってモニターを見ていました。読み方を十分知っていましたが、あまりにも低すぎて何もすることができませんでした。まったく無力だと感じました。次から次へとバクン、バクン、バクン、バクンと、心室期外収縮が生じている心電図を見たのを覚えています。それから思いました……。すべての波形がPVCだったため、ここでは説明しません」。PVCとは心室期外収縮［心室に起因する異所性興奮で、通常の洞リズムよりも早期に出現する心室収縮様式］である。

4日間苦しんで、マリアンはようやく改善の兆しを見せた。集中治療室の医療スタッフと看護スタッフの勇敢な決断と献身のおかげである。彼女は大量の分泌液を排出し始めた。やっと、ジョアンは家に帰って休めるようになった。マリアンは2週間半の間、人工呼吸器をつけていた。鎮静剤で混乱していたので、ベッドに縛りつけられていた。彼女は上だけ、見ることができた。ジョアンは、当時生後11カ月だったマリアンの息子の写真を、目を覚ましたときに一番目にする頭の上の天井にピンで留めた。ある日の午前1時半に、手の拘束が外され、集中治療室で抜管した。数日後、この並外れて勇敢で、身体能力に富んだ若い女性は、同じように勇敢で機知に富んだ母親とともに帰宅し、ついに病気を克服した。

シンノンブレハンタウイルスは、フォーコーナーズ地域以外の他の州に広がり、次第に独自に定着していった。ウイルスの発生源は、アメリカで最も多い野生のマウスであることが判明した。シカネズミだ。このウイルスはシカネズミに病気を引き起こすことはない。ウイルス学者は、シカネズミがウイルスの自然宿主であると述べている。マリアンのようなヒトは、シカネズミの尿や唾液、糞便に偶然接触して、このウイルスに感染することもわかった。だからといって、ジョアンの家族が無頓着で不衛生だったわけではない。野生のネズミと接触する可能性が高い田舎に住んでいたというだけだ。

では、なぜ1993年にエピデミックが起きたのか？

地元の生物学者で、げっ歯類の専門家ボブ・パルメンターは、長年にわたり地域のシカネズミを研究してきた。現地メディアのインタビューで、彼はこう断言した。「こんなにかわいい小さな動物がトラブルを起こすなんて信じられない」。黄褐色の毛並み、大きく突き出た耳、光沢のある黒い目、好奇心旺盛で丸みを帯びた鼻、目立つ黒いひげ。ネズミは、脅威というよりも、ベアトリクス・ポッター［ピーターラビットの生みの親として知られるイギリスの絵本作家］の物語に出てくる、人なつこい小さな魅力ある生き物のように見えた。

だが、パルメンターのような動物学者は、シカネズミが非常に丈夫で長く生きることを知っていた。1980年5月18日の壊滅的な火山噴火の後、セントヘレンズ山周辺で生態系の研究をしていたときに、その著しいさまを目の当たりにした。シカネズミがその環境に再定着した最初の動物であったことに興味をそそられた。シカネズミは丈夫で厄介な動物である。どんな食料不足も乗り越え、何が起ころうとも食べる態勢ができている。冬眠することはなく、年に5匹もの子どもを産み、前の子の授乳中に妊娠することができる。

パルメンターは、シカネズミがヒトの家や車の換気システムなど周囲の隅々まで容易に侵入してくることをよく知っていた。そしてヒトでエピデミックが起こる数カ月前から、ある地域ではマウスの個体数が30倍も増えたことに気づいていた。マウスの個体数の爆発的増加と致命的ウイルスのアウトブレイクの発生地が一致していることは、偶然ではないように思えた。この2つの事象には、因果関係があるはずだ。ではなぜ、マウスの個体数はこれほどまでに増加したのだろうか？

ニューメキシコ州では、7年間の干ばつに続き、エルニーニョ現象の影響と思われる2度の暖冬で通常よりも雨と雪の降水量が多かった。パルメンターのデータで、この温暖な気候でネズミの好物であるマツの実やバッタなどの昆虫が豊富に育っていたことがわかった。栄養が増えて、マウスの個体数が急増していたのだ。ヒトとマウスが同じ生態系で生きているという事実だけでも、まず間違いなく、十分にこのエピデミックを引き起こしたであろう。

2017年1月現在、アメリカの36州でハンタウイルスの比較的小規模なアウトブレイクが相次いでおり、728例が報告されている。ほとんどがミシシッピ川の西側である。医学用語では、この種のアウトブレイクは「エピデミック」ではなく「風土病（エンデミック）」である。シンノンブレハンタウイルスが、種を飛び越えてヒトを新たな宿主にすることができなかったことは非常に幸運である。なぜできなかったのか？　科学者らは、非常に重要な疑問を問いかけた。

そこには複数の理由があったと考えられる。げっ歯類は非衛生的な巣穴に住んでいて、子どもが分泌物や排泄物で汚染される。一方、現代人は、掃除機をかけた家に住み、トイレの排泄物を処理し、手洗いをするなど、衛生的な生活を送っている。しかし現代の衛生状態にもかかわらず、ウイルスは容易に広がり我々の間でエピデミックが起こる。マリアンなどヒトに、いつ、何が起こったのかをもう少し詳しく見る必要があるだろう。

ハンタウイルスの感染は潜伏期間が長い。「ハンタウイルス肺症候群（hantavirus pulmonary

syndrome)」の初期症状はインフルエンザと同じように筋肉痛、発熱、疲労である。しかし、発症が早いインフルエンザとは異なり、ハンタウイルスの症状は、感染してから2～3週間後に現れる。また、肺や脾臓、胆嚢でウイルスが増殖することもわかっている。マリアンが経験した呼吸困難などの肺への影響は、発症した4～10日後に現れる。大量の浮腫液が流れ出し、患者が自分の分泌液に溺れてしまうようなハンタウイルス肺症候群に関して、その後の焦点は、咳をすることでヒトからヒトへ広がる可能性である。もし実際にそうであったのであれば、インフルエンザのようにエアロゾルによる最も致命的な伝播、すなわち呼吸器への伝播という恐ろしい可能性があった。このウイルスは、血液の酸素化の一部分として、ヒトの肺胞近くの小さな血管に到達することができる。しかし幸いにも、細胞数個分の厚さの膜を越えることができなかった。この年、世界は幸運だった。

改めて、問いかけることが重要である。なぜそのように幸運だったのか？

第一の、そして最も明白な答えは、ウイルスはヒトに感染するようには進化しておらず、ヒトからヒトへは広がらなかったということであろう。ハンタウイルスは、げっ歯類のウイルスである。幸いなことに、我々は自然界で貯蔵庫ではない。劇的なヒトへの感染、病気、死は、ウイルスが偶然にも新しい異質な宿主、ウイルスに接触したことのないヒトに移ったことによって起こった。

私はアメリカで生物学者や医者、科学者とともにハンタウイルスのエピデミックに取り組んだ中で、ウイルスについての新しく、そしてとても重要なことを学んだ。実際、それはその後の進路を変えた貴重な体験となった。この時点では、ウイルスは生物の遺伝子に依存する寄生体で病因以外の何物でもないという私の考えは、ほとんどの医師にとって標準的だっただろう。

だが、そこに戻った1994年、ハンタウイルスの研究に携わっている別の主任生物学者ニューメキシコ大学動物学教授テリー・イェーツにインタビューしたときのことである。彼は、どのげっ歯類もハンタウイルス種を持っており、共進化《﹅﹅﹅》していると説明してくれた。これは私にとってちょっとした驚きだった。

「共進化（co-evolution）」という用語は何を意味するのか？ 私が知りたかったのはこのことである。

彼は仮説を交えて説明してくれた。アヒルのくちばしを持つカモノハシは卵を産む有袋類である。ここで、カモノハシをげっ歯類であると仮定してみよう。すると、げっ歯類の進化系統樹上のどこに位置づけるのが適切かという問題にぶつかる。

私はいっそう戸惑いながら後ろに座った。

彼は、もしハンタウイルスのRNAゲノムが示されれば、ハンタウイルスの系統樹にウイルスをピンポイントで正確に位置づけることができるだろう。そして、ハンタウイルスとげっ歯類の2つの系統樹を重ね合わせると、げっ歯類の系統樹上のカモノハシの正確な位置を同定することができると説明した。

「2種類の系統樹は、正確に一致していますか？」

「もちろん」

「どうしてそんなことが起こるのですか？」

「ハンタウイルスとげっ歯類は互いに進化しているのです」

このことは、ハンタウイルスとげっ歯類の進化の歴史の間には、驚くほど親密な関係があることを示しているように思われた。私はしばらくの間、考えてみた。アルバカーキの生物学博物館にある研究室で1時間の予定だったイェーツ教授とのインタビューは、数日にも及んだ。その間、私を親切に家に泊めてくれ、家族や研究者を紹介してくれた。セビレータ自然保護区への旅にも同行した。イェーツ教授、ボブ・パルメンター、そして歴代の動物学者らが、1世紀以上前からシカネズミを研究してきた。大学博物館には膨大な数の標本が集められ、その小さな体が多数のトレーに並べられていた。これらの小さな体は、共生ウイルスの研究用に生物学者が利用できるようになった。

このときのテリーや研究者らとの会話の中で、ウイルスとげっ歯類の共生相手との間の驚異的な共進化的関係について多くのことを学んだ。そこで私は、今では重要だと思っている質問をした。

「ハンタウイルスとげっ歯類が、それぞれ相手の進化に影響を与えているのでしょうか？　もしそうだとしたら、確かにこれは彼らが共生関係にあることを意味しているのではないでしょうか？」

彼は私を見て肩をすくめた。

我々は、ウイルスが考えないことを知っている。ウイルスの行動は進化の力によってコントロールされている。テリー・イェーツ教授がウイルスと宿主の「共進化」と呼んでいるものは、ハンタウイルスと宿主であるげっ歯類との進化上の「**シンビオジェネシス**（**共生発生**）」［細胞内共生物が宿主細胞の一部の小器官となる現象］を意味しているに違いないと、私には思えた。家に帰ってから、ウイルス共生に関する文献を調べてみたが、ほとんど何も見いだせなかった。当時利用することができた調査では、デレル（フェリックス・デレル。第3章参照）についての記載はなかった。ところが、昆虫学者が寄生バチとポリドナウイルスとの関係で「共生（symbiosis）」という用語を使っていることを発見した。その数年後には、エイズを引き起こすレトロウイルスとの共生関係が提起されているのを見つけることになる。しかし、ウイルス共生の概念はまだ正式には定義されていないように思えた。そこで、科学的概念がどのように展開されるかを体系的に検討してみた。

ウイルスとの関係に言及しなければ、共生は一般生物学で十分になじみのある概念であった。私は、マサチューセッツ州のアマーストを拠点とするアメリカの科学者、リン・マーギュリス教授が、進化力学としての共生の専門家であることを知った。また、ニューヨークのロックフェラー大学の総長であり、著名なノーベル賞受賞者のジョシュア・レーダーバーグの名前も見つけた。彼に手紙を書いたところ、快くインタビューに応じてくれた。インタビューの中で、細菌とそのファージウイルスの複雑な関係に、ウイルス共生の例があることを確認した。しかし、植物や動物との関係でウイルス共生の例を見たことがあるかと尋ねると、彼はこう答えた。「私は具体例を知らないけれど、探してみるのはおもしろいと思います」。彼はまた、かつて遺伝学を教えていたリン・マーギュリスを調べるようアドバイスをしてくれた。

　私はアドバイスに従い、科学文献でウイルス共生の例を探し始めた。リン・マーギュリスについても調べた。彼女は共生に関する人生や仕事についてのインタビューに快く応じてくれ、最後には友人になった。彼女の本を何冊も読み、共生それ自体とシンビオジェネシス、進化力学として共生に関する研究を理解したとき、私は感情を揺さぶられた。だが、リンはウイルスついて詳しくなかった。エマージングウイルスに関する初期の研究成果と、ウイルス共生の進化的役割についての暫定的な研究については、1997年に出版した『ウイルスX』という本の中で紹介した。私は進化戦略の一環として、新しい共生生物学の概念を展開した。宿主との共生の本質的な部分として、ウイルスは攻撃性、ときには極めて致死的な攻撃性を持つ。

　この段階でふと思いついた。ウイルスが宿主の遺伝的環境に関与していることを考えると、ウイルスが宿主の遺伝的環境を宿主にとって有益なように変化させるとすれば、宿主に対する進化の圧力は、この利益によって進化による発展が選択されるのを確かなものにしているのだ。

私はその後、共生とシンビオジェネシスをウイルスにも当てはめるために、もう1人の著名な研究者であるルイス・P・ヴィラレア教授に連絡を取った。彼は進化ウイルス学の専門家として世界的に認められている。私はルイスに電話でインタビューした。異なる方向、私の場合は共生学的な観点から、ルイスの場合は古典的なダーウィンの観点から、テーマにアプローチしたにもかかわらず、非常に類似した結論に達していたことがわかったとき、リン・マーギュリスが進化の推進力としての共生に関して私の恩師《メンター》となったように、ルイス・ヴィラレアは、生命の進化におけるウイルスの重要な役割について、先入観をなくしてくれた恩師《メンター》となった。彼が私のウイルスの共生概念を受け入れてくれたのは、私がウイルスの「攻撃的共生(aggressive symbiosis)」があり得ることを認識していたからである。

今、シンノンブレハンタウイルスとヒトとの攻撃的相互作用には、HIV、SARS、エボラ出血熱、鳥インフルエンザなど他のエマージングウイルスとの共通点があることに気がついた。ヒトに対して非常に攻撃的な行動を取ったこれらのウイルスは、長きにわたり確立されてきた動物宿主との関係では、攻撃性がほとんどなかったのである。医学的観点から検討しても意味がなかったものが、ヒトを中心としない進化の観点から検討すると十分に意味があったのだ。これが私のウイルスに対する見方を変えた。それは、我々医師が患者の病気を防ぐために、ウイルスの侵入を阻止しなければならないという事実を変えるものではない。しかし、自然界でウイルスが果たしている役割について、より広い視野で考える必要があることが浮き彫りとなった。

第9章

潜伏するウイルス

ヘルペスウイルス感染症

「口唇ヘルペス（cold sores）」の原因となるウイルスは、**単純ヘルペス（herpes simplex）ウイルス**である。ギリシャ語の「herpeton」は、忍び寄ったり這ったりするヘビやトカゲなどの爬虫類を意味する。ヒポクラテスの時代のギリシャ人にとって、口や生殖器の周りにじわじわとひろがる水ぶくれと性的情熱との関係は明らかだった。

古代の医師たちはヘルペスの状態を爬虫類の動きになぞらえるようになった。シェークスピアも性的情熱が原因となる性感染症に精通していた。ロミオとジュリエットでは、妖精の助産師であるマブ女王のお仕置きとして描いている。〝「ご婦人がた」の唇をかすめるとたちまちキスの夢、ただし怒ったマブがその唇をただれさす〟「ロミオとジュリエット1幕4場「マブの女王」からの引用」。

ヘルペスウイルスは、比較的大型のウイルス科に属する。科は大きく3つの亜科に分類され、合わせて130種以上にもなるウイルスは哺乳類、鳥類、魚類、爬虫類、両生類、軟体動物に感染する。大腸菌やヒトと同様に、ヘルペスウイルスも二本鎖DNAからなるゲノムを持つ。しかし、ウイルスゲノムは細菌のゲノムよりも小さく、ヒトのゲノムよりもはるかに小さい。エンベロープに包まれている一般的なヘルペスウイルスの直径は120nmからである。これは、ピコルナウイルスよりもかなり大きい。ウイルスゲノムは、162個の管状カプソメアからなる正二十面体カプシドに内包されている。さらに全体が宿主の脂質とウイルスのタンパク質で構成されたエンベロープに包まれている。それでも、ウイルスの大きさは細菌よりはるかに小さく、細菌が持つ細胞としての性質を持っていない。

ヒトの細胞は細菌の細胞に比べて巨大だ。そして、細菌の細胞はウイルスに比べて巨大だ。このことから大きさの違いがよくわかるだろう。しかし、3種類の生物ゲノムをさらに詳しく調べると、奇妙なことに気づく。細菌の連続環状ゲノムとは異なり、ヒトゲノムは染色体とよばれる46本の線状DNAからなる。それぞれの染色体は、非常に長い単一分子である。著者の別の書『The Mysterious World of the Human Genome』（未邦訳）ではヒトの染色体を46の鉄道線路に喩えた。架空の蒸気機関車が線路の始めから終わりまで走り、旅を楽しんだり、途中停車したりする。

ヘルペスウイルスのゲノムは、細菌のゲノムとは異なり、ヒトの染色体のように1本の線状の二本鎖DNAからなることがわかった。なんと不思議なことだろうか。ゲノムは、釣糸のきつく巻かれた糸巻きのように、カプシドの中に詰め込まれている。この糸に沿って分布するウイルス遺伝子は、100ものタンパク質をコードしている。その多くは酵素であり、宿主細胞の核内でのウイルス複製に不可欠なウイルスDNAポリメラーゼなどである。ヘルペスの治療には、チミジンキナーゼというウイルス自身が持つ酵素を利用する。ウイルスは騙されて抗ウイルス薬を活性化させる。

ヒトに病気を引き起こすヘルペスウイルスは9種類ある。最も身近な例は、不快な口唇ヘルペスや性器ヘルペスの原因となる「**単純ヘルペスウイルス（HSV）**」だ。ここでも、我々が貯蔵庫、すなわち自然宿主である。ヒトとの攻撃的共生関係が始まったのだ。口唇ヘルペスの原因は、近縁の2種類のウイルス、HSV-1とHSV-2である。いずれも全身症状を引き起こすことがある。一般に、HSV-1は体の上部に好発し、HSV-2は性器に好発するが、このような傾向は絶対的ではない。残念ながら、種間の免疫交叉防御効果はほとんどなく、一方のウイルスに感染しても、もう一方のウイルスによる感染を避けられるとは限らない。

では、単純ヘルペス患者には何が起こっているのだろうか？

口や性器にできた刺激感のある水疱の中では、感染の第一段階として、ウイルスが皮膚や粘膜の細胞膜にくっつき、表面の膜に融合する。これにより、ウイルスは細胞の内部、すなわち細胞質に侵入し、そこで表面膜を脱ぎ捨てて核に向かう。ここでヒトゲノムを見てみると、ヘルペスウイルス遺伝子の多く、特にウイルスゲノムを複製する強力なウイルスDNAポリメラーゼが作用し始める。それ以外のウイルス遺伝子は、さまざまな「メッセンジャーRNA」に転写され、カプシドなどのウイルス構造タンパク質を産生する。その結果、いかにもウイルスらしいやり方で、細胞核とそれに密接に関連する遺伝経路と生化学経路を娘ウイルス工場に変えてしまう。最後には感染した細胞が死滅し、破裂して娘ウイルスを放出する。そして別の宿主細胞に感染してこのサイクルを繰り返す。

初めてＨＳＶ-1またはＨＳＶ-2に感染したときに起こるのが、「初感染（Primary infection）」である。これはすでにウイルスを持っている大人との親密な接触で乳児期や幼児期に起こりやすく、キスによって感染することが多い。初感染では、多くの場合、明らかな症状や徴候をほとんど、あるいはまったく示さない。まれに発熱を伴う不快な病気が起こることがある。唇や歯茎の内側、口の中の粘膜に痛みがある水疱ができ、水疱が破れて浅い潰瘍を形成する。これらは、硬口蓋［口蓋（口の中の上側の壁）の前方の3分の2を占める部分］と喉の奥のほうに現れるコクサッキーウイルスの小水疱と比較すると、口の前のほうに生じる傾向がある。

水疱の中の液体を調べてみると、細胞が膨張して細胞膜からはがれていく過程にあることがわかる。一方、別の細胞では破裂したり融合したりして多核巨細胞になる過程にあることもわかる。体はすでに防御に対するウイルスの反撃に応酬している。免疫グロブリンＩgＭとして知られる迅速に生成される抗体に続いて、より強力で長く持続するＩgＧが働く。もちろん細胞性免疫防御である機動部隊の助けも借りる。

この小さな戦争が進むにつれ、水疱の内容物は膿疱化する。防御機構が勝利し、ウイルスが根絶されると、水疱は乾燥してかさぶたになる。幸いなことに、天然痘で見られるような瘢痕

（あばた）化はまれであるが、頻繁に再発する患者ではときに起こり得る。ヘルペスウイルス初感染では、ほとんどの場合、発熱と発疹は自然治癒する。免疫システムによって症状がコントロールされ、発症から2週間ほどで治癒に至る。

残念ながら、現在、HSV-1とHSV-2に対するワクチンはない。だが、抗ウイルス薬、たとえばアシクロビルは、初感染と回帰発症ともに効果がある。重症の場合は静脈内投与も可能であるが、経口投与または局所的に塗布するジェルやクリームなどが一般的である。このような治療を行っても、ウイルスは通常消失することなく、ことによると一生体内に潜伏する。このため、後年になって水疱が再発することがあり、通常は口の周りにできる。前駆症状としてかゆみが生じる。このような再発ではウイルスを大量に含んだ水疱がかさぶたになり、数日で治癒する。ありがたいことに、これらの再発は時間の経過とともに頻度が低下する傾向があり、最終的には完全に消失する。

性器ヘルペスは、女性の陰唇、外陰部、会陰部の皮膚、男性の陰茎などに感染を引き起こす。シェークスピアのマブ女王が知っていたように、性交によって感染する。発疹は、女性では大腿の上内部、ときに子宮頸部に広がることもあり、男性同性愛者では肛門周囲の皮膚に及ぶこともある。太ももの上部のリンパ節に腫れや圧痛があり、発疹に発熱を伴うことがある。さらに同性愛の男性ではウイルス性髄膜炎を併発することもある。

感染要因がわかり、コンドームを使用した予防への理解が深まっているにもかかわらず、近年、性感染症が増えている。性感染症は、大きな不安、社会的な動揺、精神的苦痛を伴うことが多い。現代では、患者はソーシャルメディアに情報を求める傾向がある。その場で役に立つアドバイスを探したり、サポートグループを見つけたり、体験を共有して安心したりすることができる。

性器ヘルペスウイルスも口唇ヘルペスと同様の性質を持ち、症状が落ち着いた後も潜伏している。そのため初感染の後に回帰感染が起こることもあるが、一般に症状はそれほど重症ではない。どうして、ウイルスは繰り返し我々を悩ませるのかと疑問に思うかもしれない。初めて感染したときに、免疫システムによって認識し、排除すべきなのだろうか？

その理由を知るためには、ウイルスとその宿主であるヒトとの一時相互反応［抗体分子と抗原の結合反応を指す］で、何が実際に起こっているのかをもっと詳しく調べる必要がある。症候性の感染は口腔内や生殖上皮に限局しているように思われるが、実際には、ウイルスは同時にリンパ節に侵入し、多くのウイルスがそうであるように血流に入る方法を見つける。「ウイルス血症」と呼ばれるこの血流によって、まれなケースではあるが感染が広がる。HSVは髄膜炎を引き起こすことがあり、さらにまれに脳の炎症である脳炎を引き起こすこともある。このような重篤な合併症は、免疫不全の人で起こりやすくなる。この場合、通常は入院による集中治療が必要となる。

だが、初感染が明らかに治癒した後に、なぜ症状が再発するのかという疑問はまだ解消されていない。

深く静かに広がっていく段階で、ウイルスは知覚神経に到達し、神経を導管として「神経根神経節」、すなわち神経分布の中枢に至る。今のところ完全には理解されていないが、HSVは潜伏し、何かの刺激を受けるまで何年も潜んでいる。それは休日の日焼け後の皮膚炎かもしれないし、免疫防御を一時的に弱める身体的あるいは精神的な負担かもしれない。どういうわけかこれらがウイルスの再活性化の刺激となる。ウイルスは神経を通って皮膚に侵入し、チクチクする水疱が口や陰部にまたでき始める。

「痘（pox）」感染が、実際には「ポックス（pox）」ウイルスによるものではないのは、どのような場合か？　その答えは、水痘（水ぼうそう、chickenpox）と呼ばれるありふれた幼少期の感染症だ。事実、この呼び名は二重に誤解を招く。ポックスウイルスが原因ではないだけでなく、鶏（chickens）とはまったく関係がないからである。病名が何であれ、水痘の発疹は、「**水痘帯状疱疹ウイルス**（**varicella-zoster virus**）」すなわち**VZV**として知られる別のヘルペスウイルス種によって引き起こされる。水痘の発疹は、過去には軽度の天然痘の感染症と混同されていたかもしれない。

この章のすべてのウイルスと同様に、水痘帯状疱疹ウイルスはヒトにのみ存在する。水痘

(varicella) という言葉は、天然痘（smallpox）に似たポック（pock）を意味するラテン語に由来している。もちろん水痘（chickenpox）の発疹を指す。VZVは、咳や吸入という感染力の強い呼吸器経路で伝播する。水痘帯状疱疹ウイルスという名前のとおり、このウイルスは大きく異なる2種類の病気を引き起こす。通常は小児に見られる水疱性の発熱を伴う発疹（一般的には「水ぼうそう」と呼ばれる）と、成人に見られるときに耐え難いほどの激しい痛みを伴う「帯状疱疹」(shinglesまたはherpes zoster) である。

水痘（水ぼうそう）では特徴的な発疹が現れる。この発疹は平らな赤い斑点の形をしており、やがて隆起して水疱になる。手足よりも顔や体に紅斑が多くなる。軽い発熱とともに発疹が次々と生じて、水疱は最終的には治ってかさぶたになり、治癒の過程で剥がれ落ちる。めったに起こらないが、水疱が細菌に二次感染することもある。さらにまれではあるが、白血病を患っている子どものような免疫不全患者では、ウイルスは生命を脅かす肺炎や脳炎を引き起こすことがある。幸いなことに、水痘患者の多くは瘢痕《はんこん》（あばた）化することなく完全に回復する。

VZVはヘルペスウイルスであるため、同じように潜伏する。そのため、何十年も姿を消した後、別の姿で再登場することができるのだ。HSVと同じように、VZVも神経節に潜伏する。しかし、顔面と性器の知覚神経節に限定されるHSVとは異なる。VZVは血流を介して広がり、全身のさまざまな知覚神経節に潜伏する。そのため、人生の後半に顕在化する。宿主の免疫機能低下などにより、顔面、胸部、腹部など、予測できない場所に痛みを伴う水疱形成性発疹が生じる。体幹の知覚神経節、「皮膚知覚帯」［各脊髄神経が支配する皮膚領域］に沿って、帯状に生じる。「ゾスター（zoster）」という名前の由来はここにある。zosterは、ラテン語で「帯（girdle）」を意味する。

これらのことから帯状疱疹患者は、以前に水痘ウイルスに感染したことがあると考えられる。実際に、帯状疱疹を患っている人は、水疱には感染性ウイルスが含まれていることに注意し、水痘感染症の既往がない子ども、あるいは大人にも感染しないように注意しなければならない。

ここまで、最も一般的でよく知られている2種類のヘルペスウイルスについて見てきた。ウイルスが潜伏するにもかかわらず、感染特性は予測できる。だが、ヘルペスウイルス科の中で予測が難しいウイルスがある。「**サイトメガロウイルス**（CMV）」だ。実は、欧米で人々を悩ませる一般的なウイルスであるが、読者にはなじみが薄いかもしれない。サイトメガロウイルス（cytomegalovirus）という名前は、このウイルスが感染細胞の核内に巨大で不自然な封入体をつくり、細胞（cyto-）を巨大化（megalo-）させることに由来している。問題は、このウイルスの出現を予測できないことである。世代によってウイルスが現れる様式が異なり、幼年期から老年期までのあらゆる年齢で感染する。

ＣＭＶが臨床上問題となることは少ない。だが、妊娠中の母親がＣＭＶに感染すると、気づかないうちに胎盤を介して胎児にウイルスを感染させる可能性がある。新生児に重い病気を引き起こし、死に至ることさえある。母乳中の抗体が十分な防御力を発揮していない場合、乳児は母乳からウイルスに感染することもある。

奇妙なのは、乳児期またはその後の小児期に感染しても、病気の症状や徴候がないのだ。しかし、これはウイルスが体から一掃されたということではなく、ヘルペスウイルスが潜伏するという特徴を示しているだけなのだ。思春期を迎える頃には、潜伏感染が顕在化することがあり、倦怠感、発熱、肝機能障害を引き起こす。エプスタイン・バーウイルス（ＥＢＶ）と呼ばれる別のヘルペスウイルスと関連していることが多い伝染性単核球症として現れることもある。ＣＭＶもＥＢＶもキスや性交によって感染することがある。伝染性単核球症は腺熱としても知られており、末梢血塗抹標本に異型リンパ球が見られる。青年期によく見られ、脾臓の腫大を伴うことが多い。

実際には欧米諸国では、ＣＭＶによる感染が、我々が思っているよりもはるかに多いのだ。驚くべきことに、アメリカ人の50～80％が40歳になるまでにＣＭＶに感染しているという報告がある。一度感染すると、ウイルスが完全に消失することはない。それが潜伏ウイルスのやり方だ。同様に注目すべきは、そのようなＣＭＶ「キャリア」のほとんどが、ウイルスによる病気の症状をまったく示さないということである。

この所見を前述のHSVとVZVのふるまいと合わせてみると、ヒトの体の中で存在が見えなくなるこの能力は、共通の特徴のようだ。だが、CMVの存在が常に無害であると考えるのは間違いであろう。他のヘルペスウイルスと同様に、宿主の免疫力が低下すると、CMVは重篤な病気を引き起こす。乳児や高齢者、他の病気やがん治療などで免疫抑制が著しい人の場合がそうである。

ここで、ウイルスが我々を驚かせる事実を思い起こしてほしい。ほとんどの場合、病気の兆候をほとんど、あるいはまったく引き起こさずに多くの人に生息しているウイルスが、共生相手になり得ることを示しているのかもしれない。実際、CMVが宿主であるヒトに有益であることを示すエビデンスがいくつかある。

CMVが潜伏している組織の1つは骨髄である。骨髄細胞は、免疫防御で重要な役割を果たしている。これらの細胞にCMVが存在すると、体内に侵入して血流に入った他の感染因子に対する免疫応答がよくなるというエビデンスがある。このような「内在性ウイルス(endogenous viruses)」の防御的役割は、レトロウイルスなどの他のウイルス群との関係でも報告されている。これについては、この本の後半で見ていくことにする。ときには潜伏者がなおいっそうのらくら者に見えるかもしれない。実際には相利共生の可能性を秘めているのだが。

進化ウイルス学者は、ウイルスをどのようにみなすべきかという問いに対して、「**ウイルス圏（Virosphere）**」という用語、そして概念を発表した。この用語をよりよく理解する適切な時期がきたのかもしれない。

この視点では、生命は最初から、目に見えないウイルスの環境圏の中に存在し、その影響を深く受けてきたとされる。この概念は比較的新しく、これまでのウイルスの見方とは根本的に異なるため、当然ながら懐疑的な見方をする者もいるだろう。それでも、この概念は「**ウイルスメタゲノミクス**」と呼ばれる新しい生態学研究から得たエビデンスによって支持されている。メタゲノミクス［細菌やウイルスなどヘテロ集団のゲノムをまとめて解析する手法］は現在、急速に発展している研究分野であり、この後の章でさらに詳しく述べる。

共生者としてのウイルスの定義は、「攻撃的（aggressive）」という形容詞で修飾する必要があることを思い出してほしい。また、この「ウイルス圏」という概念と地球上の生命に関係するウイルスの幅広い解釈から、ヒトの体の中に永続的に生息するヘルペスウイルスの奇妙なふるまいについて考えてみよう。

エプスタイン・バーウイルス（**EBV**）もヘルペスウイルスであるが、ヘルペスウイルス科の他のウイルスと比べてかなりたちが悪い。1958年にアイルランドの外科医デニス・パーソンズ・バーキットは、アフリカに多い子どもの悪性腫瘍についての論文を書いた。この悪性腫瘍はマラリアの発生率が高い地域に多い。数年後、バーキットはロンドンの病院で病状についての講演を行い、腫瘍が浸潤し顎がひどく腫れている患者のスライドを示した。マラリアが蔓延している地域で腫瘍が見つかったことに言及し、バーキットは、この腫瘍は蚊によって広がるウイルスが原因ではないかと考えた。聴衆の中には病理学者のマイケル・アンソニー・エプスタインがいて電子顕微鏡に強い興味を持っていた。

後に、エプスタインは、バート・アチョンとイボンヌ・バーとともに、この腫瘍がウイルスによって引き起こされたものであることを証明する。蚊が媒介するウイルスではなく、新たに発見されたヘルペスウイルスによるものだったのだ。今日では「エプスタイン・バーウイルス」と呼ばれるようになった。

ウイルスが感染した細胞株は、フィラデルフィア小児病院のワーナーとガートルード・ヘンレに送られた。感染者のウイルスを検出する血清マーカーを開発したのは彼らである。1967年に研究室の技師が腺熱を発症し、典型的な単核球症の血液所見が見られた。ヘンレ夫妻は、アフリカの子どもに腫瘍が生じたウイルスによって、技師が腺熱を発症したことを確認した。

研究をさらに進め、翌年、驚くべき発見をした。エプスタイン・バーウイルスが免疫細胞のBリンパ球に感染すると、その細胞は不死化したのだ。これは、先駆的な発見であった。細胞の発生運命を変えることができるというウイルスが持つもう1つの不可解な能力である。その特殊なやり方で、腫瘍細胞も同じように不死化されている。

　現在でもEBVのことはよくわかっていないが、多くのことが明らかになっている。HHV-4と呼ばれるヒトヘルペスウイルスの一種であることがわかっている。また、ヒトに「感染する」一般的なウイルスであることもわかっている。この言葉を括弧で囲んだのは、このような発見が、ウイルスと宿主との相互作用が真に意味することに対する疑問を投げかけているからだ。今日では、EBVは伝染性単核球症の最大の原因として、また腺熱の原因としても知られている。またバーキットリンパ腫の原因でもある。さらに、ホジキンリンパ腫、胃がん、上咽頭がんの一部の症例や、毛状白板症や中枢神経系リンパ腫など、HIV感染に関連する特定の病態と何らかの関連がある。実際、EBV感染が毎年20万例ものがんを引き起こしている、もしくは何らかの形で関係していることが示されている。

　EBV感染によって、皮膚筋炎、全身性エリテマトーデス、関節リウマチ、シェーグレン症候群、多発性硬化症などの自己免疫疾患のリスクが高まることを示す研究者もいる。これは大げさなことを言っている。しかし、EBVがヒトの免疫に関与する重要な細胞を標的としていること、EBVの非常に高い感染力（アメリカではウイルスが5歳の子どもの約50％、成人の約90％に感染すると思われる）を考えると、さほど大げさなことではないのかもしれない。CMVと同様に、このウイルスの感染率は非常に高い。このことから、しかるべき段階を踏んで病因を明確に証明できない限り、因果関係を推測することには少し慎重にならざるを得ない。

ＥＢＶは、ヒトヘルペスウイルスの代表的な構造をしている。電子顕微鏡で見ると、見慣れた対称性の正二十面体のカプシドを持ち、脂質とタンパク質でできた袋状のエンベロープに包まれている。ビリオンの直径は約１２０nm～１８０nmで、85個の遺伝子からなるＤＮＡの二重らせんによってコードされている。糖タンパク質でできた表面のスパイクは、特異的なヒト標的細胞の細胞膜を見つけて相互作用するように設計されている。

ウイルスの広がりを考えると、ほとんどの人が遅かれ早かれＥＢＶと接触することは避けられない。幼児の大半は、感染しても症状がまったく現れないようである。事実、症状があったとしても、症状を予測する上で感染年齢は重要な要因である。このことは、おそらくウイルスとヒトの相互作用についての何かを物語っている。一方、青年期に感染すると、35～50％で腺熱に特有の症状や徴候が現れる。ＣＭＶと同様に、ＥＢＶも長期にわたる不顕性感染のかたちで、個々のキャリアの咽喉細胞からウイルスが断続的に排出される。キャリアの状態は青年期に多く見られ、ウイルスは唾液に入り、キスをすることで新たな宿主に感染する。腺熱が主に若者の病気であることも不思議ではない。

新しい宿主では、咽頭の管壁細胞から侵入が始まる。ウイルスのエンベロープが細胞膜と融合し、ウイルスゲノムが細胞核に運ばれる。ここで、ウイルスは他のヘルペスウイルスと同じやり方で核機構を乗っ取り、娘ウイルスをつくる。だが、その後のウイルスと宿主の相互作用には違いがある。通常は、放出された娘ウイルスは、抗体を産生するBリンパ球を攻撃しようとする。感染の第二段階では、ウイルスはBリンパ球を標的にする。その結果、免疫細胞の中でウイルスの侵入とゲノム機構のハイジャックが再び起こる。

Bリンパ球には、次の2つの可能性が考えられる。1つはいわゆる「溶菌」で、細胞が破裂して娘ウイルス粒子が放出される。最後には血液を介してウイルスが広がる。もう1つの可能性では、まったく異なる結果が起こり得る。この場合、ウイルスは「潜伏」し、リンパ球が娘ウイルス粒子をつくるプログラムを実行しない。代わりに、ウイルスゲノムは「エピソーム」〔宿主の染色体に入り込むプラスミド（自己複製可能な細菌の染色体外遺伝子）〕と呼ばれる環状型を取る。これはリンパ球細胞の核内に存在し、細胞分裂時にDNA複製機構によって複製される。ここでも、潜伏により同じウイルスへの再感染に対する免疫に一役買っているという点で、相利共生行動の可能性を垣間見ることができる。

腺熱の潜伏期間は1カ月以上も続く。この病気は通常、発熱、咽頭痛、顎の周囲のリンパ節腫脹を伴う。ウイルスが血液で運ばれるようになると、全身の他の防御システムが応酬する。この段階では、肝機能が損なわれ、診察医による腹部の双合診〔両手を用いる触診〕でわかるほど脾臓が腫れている。血液検査では、白血球、特にリンパ球の上昇が特徴的である。病名は「伝染性単核球症」である。全身性の段階で一過性の発疹を発現する患者もいる。しかし、重篤な合併症はめったにない。合併症にはいわゆるギラン・バレー症候群があり、末梢神経の損傷と損傷による麻痺、まれに腫大した脾臓が破裂する。幸いなことに、ほとんどの患者は3〜4週間で完全に回復する。

ウイルスはとても奇妙で厄介である。アフリカの若者には腫瘍を引き起こし、中国南部では上皮細胞がんを引き起こしているEBVが、なぜ欧米では良性なのか。これは、まだわかっていない。おそらく、人種・民族間の組織適合性［組織に対する反応性の違い］遺伝子型のマイナーな遺伝的変異か、あるいはウイルス株が異なるのではないだろうか？　バーキットリンパ腫では、前述の奇妙な潜伏が何らかの形で関与していると考えられる。不思議なことに、この腫瘍はシクロホスファミドなどの抗腫瘍薬によく反応し、全快する。欧米では、腺熱（リンパ節の腫れ・発熱）を発症した場合は感謝しないといけない。EBVがBリンパ球細胞に潜伏することにより、人生の残りの期間、再感染から守ってくれているからだ。

第10章

パンデミックの脅威

インフルエンザとCOVID-19

1918年秋、ヨーロッパ、アメリカ、アジアの一部でインフルエンザによるパンデミックが発生し、まだ第一次世界大戦による大虐殺の影響が残る大陸を吹き抜けた。エピデミックが世界中に広がっていたにもかかわらず、「スペイン風邪」の名で知られるようになった。イギリス、ドイツ、アメリカ、フランスでは、軍隊と市民の士気を維持するために、インフルエンザ死亡報道を最小限に抑える検閲が行われていたが、スペインのメディアには及ばなかったためである。

今日ではそのような検閲には疑問を抱くかもしれない。だが、パンデミックの致命的な性質と、感染を防ぐワクチンも病気に苦しむ人々を治療する抗ウイルス薬もなかったことを考えれば理解できるであろう。さらに、当時の医療従事者はインフルエンザの原因ウイルスについてほとんど知らなかったという事実を付け加えなければならない。DNAはまだ発見されておらず、電子顕微鏡もまだ発明されていない時代だ。インフルエンザに対する理解が不足していたため、エピデミックを封じ込める最も基本的な対策が失敗した。当時の写真から判断すると、多数の病気の兵士が病院の開放病棟を埋め尽くし、ベッドはぎっしりと詰め込まれている。隔離看護のエビデンスもなく、患者と看護スタッフは簡単なフェイスマスクすら着けていなかった。

どんな場合でもインフルエンザで苦しむことは疑う余地なく不快だ。戦争で攻撃中に病原性の高いパンデミックに巻き込まれたことは、極限状態での試練だったに違いない。ムーズ・アルゴンヌ攻勢は西部戦線での決戦では、アメリカの軍事史上最大規模の前線への投入であり、約120万人の兵士が参加した。この戦闘で2万6000人以上の米軍兵士が命を落とした。これは、アメリカの軍事史上最も厳しい遭遇戦とみなされている。

不幸なことに、攻撃は1918年のヨーロッパのインフルエンザパンデミックと同時であった。米軍の主要な訓練キャンプで発生し、推定4万5000人の兵士が死亡した。それゆえに、ウェーバーとヴァン・ベルゲンは論文で、「どちらの戦いを『アメリカで最も致命的な戦い』とみなすべきかは疑問だ」と述べている。今日、歴史家はスペイン風邪を歴史上最も死亡率の高いインフルエンザのエピデミックとみなしている。全世界で5億人が感染し、推定2000万人から5000万人が犠牲になった。

数十年後の1979年、民間航空機内で発生した小規模なアウトブレイクは、インフルエンザの感染力がいかに強力かを示した。54人を乗せた飛行機は、アラスカの空港で3時間の待機を余儀なくされ、その間、空調システムが作動していなかった。タイミング悪く、乗客の1人がインフルエンザにかかっていた。数日後、乗り合わせた乗客の実に72％が同じウイルスに感染し発病していた。

ほとんどの人は、季節性のインフルエンザウイルスに遭遇しても、死に至ることはない。といっても、二日酔いの疲れ切った比喩として使われている、ごくありふれた「風邪気味」のことではない。ウイルスに感染し、前駆症状が現れてくる最初の2～3日は感染したことが気になって仕方がない。ウイルスが血流中で増殖しているのだ。死が迫っているような感覚を思い起こさせるのではないだろうか？　家族は大げさだと思うが、家族もウイルスに感染し、同じ恐怖を経験すると理解してもらえる。その感覚は、まさに1918年のパンデミック時に経験した何百万人もの不運な人々とほとんど同じである。違いは快方に向かったことだ。一方、スペイン風邪に苦しんだ人々は、死を予感させた恐怖が現実となった。この結末の違いにより重要な問題が持ち上がる。**なぜ、同じようなウイルスに感染して我々は生き残り、何百万人もの人間は死んだのだろうか？**

質問をもっと明確で科学的な言葉に言い換えたほうがいいのかもしれない。**「普通の」インフルエンザウイルスが、このような恐るべき病原性を示す原因は何だろうか？**　この答えを探るには、インフルエンザの歴史と原因ウイルスの侵入の手口について理解する必要がある。

「インフルエンザ」という用語はどこからきたのか？　英語の「影響力（influence）」に似ているのは偶然ではない。実は、どちらも同じラテン語の「influentia（影響）」を語源としている。中世の迷信深い人々が、疫病の原因を霊やオカルトの災いをもたらす呪文にあると考えたことが反映している。この開けた時代、我々は魔術の「影響」を無視し、インフルエンザの本当の原因である微生物、すなわちインフルエンザウイルスを解剖学的に、生理学的にそして遺伝学的に詳しく調べることができる。さらに、インフルエンザウイルスが、不本意ながら新たに定着した我々ヒト宿主で、その複製サイクルを成し遂げるためにどのように進化するかを客観的に見ることができる。

インフルエンザウイルスは、オルトミクソウイルス科に属する。オルトミクソウイルス科は、RNAウイルスである7種の属からなる。そのうちの4種がインフルエンザを引き起こし、A型、B型、C型、D型に分類される。最初の3つの型は、鳥類、ヒト、ブタ、イヌ、アザラシなどの脊椎動物に感染し、D型はブタとウシにのみ感染する。ヒトはA型とB型にのみ感染する。個々のビリオンの直径は100nm～200nmで、ほぼ球形である。ウイルスの表面は脂質を主成分とするエンベロープで包まれていて、数百個の突出したスパイクが存在する。スパイクタンパク質が変化することが、新型インフルエンザによるエピデミックが起こる根本的な原因である。

スパイクは、赤血球凝集素（Hタンパク質）とノイラミニダーゼ（Nタンパク質）の2種類の異なるタンパク質からなり、宿主の標的細胞に吸着・侵入するために必要である。ヒトの免疫系はHタンパク質とNタンパク質を外来抗原として認識し、それらを除去する抗体を産生する。たとえば、A型インフルエンザウイルスには、Hタンパク質とNタンパク質の亜型または株が多数ある。H2N28ウイルス株は、そのスパイクに抗原タンパク質のH2とN28の亜型を持っている。

これらの亜型は、ウイルスの複製中にこの抗原タンパク質をコードする遺伝子が変異したものだ。変異によってウイルスの感染力が強くなるなら、自然淘汰では積極的に選択される。感染力が強いほど、拡散と複製を成し遂げる可能性が高いからだ。自然淘汰の影響による進化によって新しい亜型や株が出現し、インフルエンザの新しいエピデミックが起こる。

具体的には、1918年のいわゆるスペイン風邪の原因となったのは新型のH1N1型である。1957年のアジア風邪はH2N2型、1968年の香港風邪はH3N2型、2009年の豚インフルエンザは別のH1N1型が原因である。そしてH7N9型が2013年の鳥インフルエンザのエピデミックを引き起こした。このため、以前にインフルエンザにかかったことがあったり、前もってインフルエンザに対処するためにワクチン接種を受けたりしても、次の冬に新しいインフルエンザが発生した場合には、予防効果はない。第一線で活躍する専門家は、「インフルエンザウイルスの遺伝特性は、世界の公衆衛生にとって厄介であり脅威となっている」と言っている。

パンデミックインフルエンザはさらに問題である。幸いなことに、季節性の発生よりもはるかにまれだが、同時に発生した場合には大きな脅威となる。これらもまた、このような危険なウイルスが出現する背景には何があるのかを理解する上でのヒントとなる。

パンデミックインフルエンザは、H型とN型のスパイクの突然変異によって起こるのではなく、はるかに強力な進化のメカニズムによって起こる。2種の異なるインフルエンザウイルスが単一の宿主、たとえばブタに同時に感染した場合、ゲノム全体を交換して新しいハイブリッドウイルスをつくることができる。この強力な進化のメカニズムとは「組換え」である。パンデミックヒトインフルエンザは、インフルエンザA型でのみ起こる。

パンデミックではまったく新しいウイルスが原因となるので、ヒトの免疫力は季節性ウイルスのように戦う準備ができていない。このような状況下では、まったく新しいエマージングウイルスに最強の感染力が加わり、非常に強力な株、「スーパーウイルス」が誕生する。

天然痘が根絶されたように、特別なワクチン接種プログラムによって、パンデミックインフルエンザの脅威を根絶することは可能だろうか。ワクチンはますます予防効果が高まり、新しい抗ウイルス剤を使用することで治療法も改善される可能性はある。しかし残念ながら、インフルエンザを完全に根絶することはできそうにない。天然痘が根絶されたのは、ヒトが唯一のウイルス貯蔵庫（保因者）だったからだ。インフルエンザウイルスの場合は、ヒトが唯一のウイルス貯蔵庫（保因者）ではない。

インフルエンザの自然宿主は世界中の水鳥である。野ガモをはじめとするある種の水鳥は、その体内に、すでに14種類のH抗原を持っている。この自然界の遺伝子バンクには、インフルエンザの新しいパンデミック株がすでに存在している可能性があるだろう。これらはすべて、水鳥の消化管で複製され、生息する水生生態系に排出される。冬期にカナダの水を調査したところ、何種類ものインフルエンザウイルスを広い範囲で発見した。そして、他のウイルスで何度も見てきた自然宿主に関する状況がここにもある。インフルエンザウイルスの自然宿主である鳥を調べたところ、ウイルスは明らかな病気を引き起こさないことがわかった。

数年前、私は当時CDCのインフルエンザ部門の責任者を務めていたナンシー・コックスと、パンデミックインフルエンザの将来的なリスクについて話した。コックスは、「免疫のないヒトの間で病原性の強いパンデミック株が発生すれば、深刻な事態が生じる」と述べた。

コックス博士のオフィスの壁には、等高線が引かれ、カラフルなピンが刺された世界地図が貼られていた。世界中の多くのインフルエンザ研究者と同じく、彼女も次なるパンデミックインフルエンザの発生を心配している。彼女はこのウイルスの過去のふるまいが、未来を予測するヒントになるという。パンデミックインフルエンザを研究する専門家は、ウイルスのふるまいを調査し、ウイルスの進化をたどることに多くの時間を費やしている。

壁の下のほうには中国の地図が貼られ、6つの地点が丸で囲んである。新種の発生をいち早く見つけようと、専門家が監視している場所だ。しかし、中国だけが発生源というわけではないので、他の世界中の候補地を監視している専門家もいる。2017年、H7N9型鳥インフルエンザは、2013年に初めて発生して以来、最も死亡率が高くなった。中国では714人に重篤な病気を引き起こし、死亡率は3人に1人以上とも報告されている。

もし、新型インフルエンザウイルスのパンデミック株が出現すれば、ウイルスとヒトとの熾烈な競争が始まる。一刻を争って、新型ウイルスの抗原を組み込んだワクチンを開発しなければならない。パンデミック株に対抗するには、数カ月のうちに新しいワクチンをつくり、世界中に行き渡らせなければならない。予測のスピードと正確さが、世界の人々の生死にかかわる鍵となるだろう。

2002年、まったく別のウイルスである**「重症急性呼吸器症候群（SARS）」**が、中国の広東省で発生した。SARSはインフルエンザウイルスではなく、コロナウイルスであるSARS-CoVによって引き起こされる。SARSによるエピデミックが起こる前に、コロナウイルスが動物や鳥に感染し、風邪のような病気を引き起こす。

SARSコロナウイルスは、インフルエンザのようなアウトブレイクを引き起こし、37カ国で8098人が感染し、774人が死亡した。その後、積極的な公衆衛生介入策によって抑制されたが、これらのウイルスは新しい視点でとらえられるようになった。2004年以降、

SARSのこれ以上のエピデミックは報告されていない。だが、この明るい報告は武漢での**新型コロナウイルス、COVID-19**の発生によって打ち砕かれ、現在のパンデミックの前兆となった。では、コロナウイルス全般、特にCOVID-19について何がわかっているのだろうか？

コロナウイルスはインフルエンザウイルスとは別の科に属する。インフルエンザウイルスと同様に、コロナウイルスもRNAによってコードされるゲノムを持つ。しかし、両者が似通っているのはここまでだ。インフルエンザウイルスのゲノム、すなわち遺伝情報は小さく比較的単純であるが、コロナウイルスのゲノムはすべてのRNAウイルスの中で最も大きく最も複雑である。これは、コロナウイルスが生物学的にそして遺伝学的にもインフルエンザウイルスより複雑であるということを意味する。

これまで見てきたように、パンデミックインフルエンザは単一宿主の中で、2種類の異なるウイルス株が組換えを起こすことによって生じる。これは、感染者の免疫防御システムがまったく新しいウイルスに立ち向かうということだ。コロナウイルスは、より複雑なゲノム、遺伝子構成の一部を、際立った組換え能力で進化させてきた。2種類のコロナウイルスが融合することよって新しい株を形成することもあるが、コロナウイルスもインフルエンザウイルスのように、2種類の異なるウイルスが融合することなく、その表面抗原を組換える能力を持つ。この驚くべき進化を引き起こす変化能力がその最大の感染力と相まって、COVID‐19はパンデミックインフルエンザのような「スーパーウイルス」の素質を持つようになった。

感染者が咳をすることによって、数十億のウイルスを含む飛沫が飛ぶ。それを近くにいる人が吸い込み、コロナウイルスはヒトからヒトへと広がる。吸入後、ウイルスは気道の管壁細胞に接触する。そこではスパイクが細胞膜表面にある受容体と結合し、ウイルスゲノムを細胞内部に送り込めるようにする。ここでウイルスはリボソーム、すなわち細胞内に存在する微細なタンパク質工場を乗っ取り、すぐに、リボソームに指示を出してコードされたタンパク質を製造するようになる。

ウイルスの指示を受ける最初のタンパク質は、「RNAポリメラーゼ」という重要な酵素である。犯罪現場に残されたDNAの痕跡を大幅に増幅できるようにし、法医学に革命をもたらしたことで有名なPCR（ポリメラーゼ連鎖反応）を思い浮かべるかもしれない。ウイルスのポリメラーゼは、ウイルスのゲノムRNAに対しても同じことを行う。これは、感染したヒト細胞の中で何十億もの娘ウイルスを生産する最初の段階である。ウイルスゲノムはカプシドと感染するためにコードされたスパイクを持つエンベロープタンパク質で包まれている。膨大な数の新しいウイルスが細胞膜から宿主の気道に出ていき、咳によって感染力の強いエアロゾルの形で周囲に漂う。

COVID-19の感染はインフルエンザに非常によく似ており、ヒトが密集している状況で起こりやすい。たとえば、地下鉄、車、バス、飛行機、クルーズ船、オフィス、学校、パブ、カフェ、劇場、公共のコンサート会場、スポーツスタジアム、そして悲しいかな、家庭でも。

COVID-19も非常に効率のよい第2の感染経路で広がる。この感染経路を把握することが極めて重要になる。感染したヒトが咳をした手で、ドアノブ、電車の手すりや改札、コンピュータのキーボード、携帯電話やその他の数限りないものの表面にウイルスを付着させる。関連する研究では、COVID-19ウイルスは、エアロゾル中では最大3時間、段ボール上では最大24時間、プラスチックとステンレス上では最大72時間、生存可能で感染力を持つことが示された。この第2の感染経路では、ウイルスが付着した手が唇や口、鼻、目に触れることで広がり、そこからウイルスは気道や肺に侵入する。

パンデミックウイルスの出現はまれである。しかし、世界各国の政府や各国の保健当局は極めて困難なジレンマに直面している。では、この脅威となる新しいウイルスはどこから来たのだろうか？　2019年12月、中国の武漢で入院した患者の多くにウイルスが原因と思われる肺炎の症状が現れた。下気道から採取したサンプルには、これまで知られていなかったコロナウイルスが含まれていた。これが後にWHOにより「COVID-19」と命名される。

最初に発表されたCOVID-19に関する科学論文で、中国人医師は患者の約7割が湖北省武漢市の海鮮市場を訪れていたことを明らかにした。そこでは野生動物の違法取引が日常的に行われていた。生きたまま市場に運ばれてきた野生動物は、生鮮肉として食肉処理されていた。中国人研究者は、新型コロナウイルスが野生動物の1種と共進化し、ヒトに感染するために種を飛び越えた可能性が高いと考えた。この研究では、海鮮市場で直接接触をしていない症例もあることがわかった。これは、ウイルスがヒトからヒトへと広がる可能性を示唆した。ウイルスがヒトからヒトへと広がることはすぐに確認されることになる。実際、COVID-19は歴史上最も感染力の強いウイルスの1つであることが証明されつつある。

COVID-19は、症状が軽い場合や症状がない場合でも、近くにいるヒトにウイルスを感染させることができる。感染者の潜伏期間は、最大14日、場合によってはそれ以上である。だが、ウイルスにとっては潜伏ではない。ウイルスの侵入が始まると、免疫応答による反撃が激化する。初期症状としてよく見られるのは、のどの痛み、発熱、ふるえ、吐き気や倦怠感、頭痛、手足や背中の痛みなどだ。軽症の場合は、インフルエンザと同じような経過をたどり、この前駆症状以上に病気が進行することはない。

インフルエンザとは異なるのは、COVID-19は子どもではそれほど重症化しないが、高齢者にとっては脅威となることだ。重症の場合には、体温が39℃前後まで急上昇し、大量の汗をかく。さらに不吉で憂慮すべき症状は息切れである。「肺炎」では、ウイルスは、酸素を血液中に取り込む肺胞の内側を覆う細胞に感染する。この段階ですでに患者は毒血症［血流中の毒素］で衰弱している可能性がある。ウイルス性肺炎合併症はこの病気の生命を脅かす局面への前触れである。抗生物質や、おそらく既知の抗ウイルス薬の大半に耐性があるからだ。COVID-19による損傷は、気道や肺を超えて広範囲に広がっていく。ウイルスは心臓や循環器系に影響を及ぼすことがあり、心臓のリズム異常や血栓を引き起こす危険性がある。重度の場合には、腎臓、肝臓、内分泌器官、脳をも攻撃する。

皮肉なことに、COVID-19の感染症の症状や徴候のいくつかは、呼吸器細胞に感染しているウイルスが直接影響しているのではなく、患者自身の激しい免疫反応によって起こっているのだ。ウイルスが侵入すると、マクロファージや好中球と呼ばれる白血球が感染した組織に集まる。これらの細胞は、「援軍」を呼び込む化学物質のサイトカインやケモカインを産生することで警報を発する。援軍とはウイルスと戦うための「兵士」として知られるTリンパ球などである。

実際、「戦闘」という言葉は重要な意味を持つ。兵士細胞は我々の体内で感染した細胞を殺す。殺傷ゾーンにはひどい炎症が起こり、粘液があふれ出す。そのことにより気道が詰まり、咳が引き起こされる。ウイルスは通常、気道にとどまっている。だが、警報を発する化学物質が血流に入ると、高熱、頭痛、倦怠感、不快な筋肉痛を引き起こす。高齢者や免疫不全患者などではT細胞の機能が低下し、病状が悪化して病気が長引くことがある。少数ではあるが、ウイルス性肺炎や二次性細菌性肺炎を引き起こし、いずれも生命を脅かす。

幸いにも、季節性インフルエンザと同じように、COVID-19患者の大半は発症しても軽症である。入院の必要がなく全快する。だが、少数の患者で重篤な病気を発症する可能性を過小評価してはならない。どのような年齢の人でも、普通に健康な人でもだ。残念なことに、ウイルス性の病気は高齢者と免疫不全患者にとって特に危険であることが証明されている。このような患者では入院のリスクが高くなり、死亡という重大なリスクもある。

感染症の地域的な大流行であるエピデミック、とりわけ世界的な大流行であるパンデミックは、それが基本的に原因となる微生物と宿主との間の強い進化的相互作用によって引き起こされるということを知る教訓となる。COVID-19がヒトに感染するようになったのは、ウイルスが進化する過程で避けられなかったからだ。湖北省を皮切りに発生から数カ月で、ほぼ10万人が感染した。今では急速に中国以外の世界的な広がりを見せている。現代の世界は、まさに「グローバルビレッジ（地球村）」といわれている。飛行機、鉄道、船、車による移動で、隔絶され遠く離れた人々でさえも互いに手の届く範囲にいる。2020年3月には、湖北省の強制封鎖をはじめとする中国当局の積極的な封じ込め策の結果、ウイルスの蔓延は効果的に抑制された。しかしその一方、世界中で感染者が増加した。

2020年1月15日、日本国内で初めてこのウイルスが確認された。患者は神奈川県在住の男性で武漢市に滞在歴があった。* 2月下旬、北海道ではCOVID-19のアウトブレイクに対して、都道府県として初めて緊急事態宣言を発令した。学校は休校になり、大規模な集会は中止された。さらに市民は家にとどまるよう促された。その結果、北海道は積極的な追跡隔離プログラムを実施してアウトブレイクを抑制し、非常事態宣言を解除することができた。

だがその翌月、日本は次のアウトブレイクに見舞われた。観光客やヨーロッパを訪れた日本人旅行者が帰国したことによって始まった。3月7日までに、日本では約420人の感染が確認され、6人が死亡した。ウイルスとその感染特性の研究によって、ウイルスが出現してから短期間で急速に進化したことがわかった。国立感染症研究所によると、現在（2020年）、日本で流行しているウイルスの大半は、COVID-19「ヨーロッパ株」に由来している。この株は、もとの中国株よりも病原性が強く死亡率が高い。

パンデミックは、健康、安全、食料以外の分野に根底から影響を及ぼす。世界の状況が悪化する中、日本政府は国際オリンピック委員会（IOC）と協議の上、2020年夏のオリンピックを翌年に延期せざるを得なくなった。一方で中止の可能性を否定することができないという懸念も残った。

ほどなく、他の国々の保健当局は、止むことのない数字にますます警戒を強めることになる。そんな中、数学的予測によって、感染者の数がおよそ3日ごとに倍増していることが示された。予想通り、感染の震源地は大都市であることが判明した。大都市では人口が多く、互いに近接して生活し、移動し、仕事をしている。人間の本質を考えると、過去のパンデミックと同じことが予想できる。1918年のインフルエンザパンデミック以来の公衆衛生に対する最大の脅威となった事態に直面し、何が起こっているのか最初は信じられない。次に、社会と政府の対応に誤解や遅れや混乱が生じる。

世界は伝染病の蔓延が経済に及ぼす悲劇的な影響を目の当たりにした。航空会社が運航停止になったことで、休暇中の人々は遠く離れた目的地へのフライトがなくなり身動きがとれなくなった。農業では季節労働者の雇用が中止され、必要不可欠ではない雇用については移動が制限された。それに伴い社会や働き方に無数の混乱が生じている。

3月9日月曜日、国連貿易開発会議はCOVID‐19による世界的な景気後退の恐れがあると警告した。これはすぐにその通りになった。金融市場は深刻な打撃を受け、ダウ・ジョーンズ平均株価［NYダウ平均株価］は1000ポイント以上急落し、フィナンシャル・タイムズ100種株価指数［イギリスの株価指数］は1週間で600億ポンド［日本円で約8兆5000億円（2021年1月の為替レート）］以上を失った。各国の政府が直面している問題の大きさと複雑さは、気が遠くなるようなものだった。

その間も、COVID‐19は世界中のあらゆる国に広がり続けた。そんな中、メディアの注目を集めた痛ましい出来事がある。日本の横浜港にクルーズ客船ダイヤモンド・プリンセス号が停泊していた。700人以上の乗客と乗組員がウイルスに感染し、そのうち13人が命を落とした。中国、香港、シンガポールで感染が抑えられるようになっても、ヨーロッパでは悪夢のように感染が広がり、感染者の数は指数関数的に増加した。

予防ワクチンも治療法もなかったため、公衆衛生の専門家は基本的な予防戦略に戻らざるを得なかった。公教育の取り組みを強化し、軽度の感染症の疑いのある患者には自主隔離を促した。重症の場合は、専門の隔離病棟での集中治療が必要となる。メディアの放送は、安心させるような内容で終わることが多い。死亡者の大部分が後期高齢者や、健康上の問題を持つ人や合併症を患う人々であったことを強調する。残念なことに、パニックを軽減するためのこの安全策によって、ほとんど、あるいはまったくリスクがないと広く誤解されてしまった。

そのわずか数日後、当局が一般市民に自主的な社会的隔離を呼びかけたとき、多くの人々はその呼びかけを無視して、パブ、カフェ、レストラン、レクリエーション施設に足しげく通い続けた。当局は目下、法的な罰則と警察の強制執行によって社会的隔離を強制せざるを得なくなった。これらの措置も失敗に終わると、ヨーロッパの民主主義諸国は遅ればせながら、中国、香港、シンガポールで採用された、より厳しいが成功した方策を模倣した。感染が広がっている街、都市、地方の隔離を始めたのだ。

立ち入った報道へ自由にアクセスすることにより、COVID-19はグローバルビレッジで初めて起こった真のパンデミックであることが証明された。イタリアはヨーロッパでの感染拡大の震源地となっていた。ロンバルディア州北部の豊かな地域で感染者が急増したことにより、テレビの視聴者は、過酷な集中治療室の悲惨な光景を目の当たりにした。3月9日、9172人の市民が感染し、死者が続出したイタリアは、ヨーロッパで初めてロックダウン戦略を採用した。ウイルスを封じ込めようと必死になってロンバルディア州全土に厳しい検疫を実施した。イタリアの死亡者数は今や中国を上回った。病院は崩壊の危機に瀕し、集中治療室は患者であふれている。棺でいっぱいの教会に集められる死者は、葬儀も行われず、愛する者たちもいないまま火葬されるのだ。愛する者たちは自宅に隔離されている。2日後、WHOは、COVID-19がまさにパンデミックの脅威であることを認めた。

同じく3月に、世界では主要なスポーツイベントが延期された。また学校や大学が休校になり、フライトや国と国との往来が中止された。街や都市での懇親会や集会は禁止され、感染していると思われる人や感染しやすい人は、自主的に家の中に閉じこもった。

3月21日まで、1億7000万人のヨーロッパ人が地域や都市の封鎖というさまざまな政府の命令の下で暮らしていた。ほぼ同時に、オーストラリアとニュージーランドは非居住者に対して国境を閉鎖した。当局は主要都市のバー、レストラン、運動競技場、娯楽施設の閉鎖を強制した。2月初旬には感染者数がほんのわずかだったアメリカでは、外国人に対してメキシコとの国境を閉鎖する必要を感じていた。

ニューヨーク州は、中国の武漢やイタリアのロンバルディア地方と同じように、アメリカでのCOVID-19の震源地となった。感染者の数は、3日ごとに2倍になるという同じ数字を容赦なくたどり、ニューヨーク州だけで全米の症例数の半分を占めた。クオモ州知事は、州全体のロックダウンを余儀なくされ、必要不可欠な事業のみが営業を続けた。

この時点で、多くの国が外国人に対して国境を閉鎖し、検疫措置を課していた。ロサンゼルス、ロンドン、ニューヨーク、マドリッド、ローマなど多くの都市でロックダウンが行われた。検疫はフランス、イタリア、スペイン、イギリス、ドイツ、アイルランドで実施された。さらには人口の多いインドでも、ナレンドラ・モディ首相が13億人に対してロックダウンを命じた。最も裕福で最も先進的なヨーロッパの国々でさえ、集中治療室のベッド不足、防護服の不足、肺機能不全の患者を支える人工呼吸器の不足などで、ストレスと過労を抱えた医療スタッフが不満をあらわにしていた。また、特別な治療法やワクチンが依然として不足している。4週間前にはコロナウイルスによる死者が1人しか出ていなかったイタリアでは、中国の2倍の死者を記録し、1日で793人が死亡した。

イギリスでは、ロンドン、バーミンガム、マンチェスターに新しい大規模隔離病院を建設する準備をしていた3月25日、チャールズ皇太子は自分の名前を感染者リストに加えた。その2日後には、ボリス・ジョンソン首相、マット・ハンコック保健相、クリス・ウィッティー主任医務官の名前も加えられた。ローマ中心部、パリのシャンゼリゼ通り、ロンドンのトラファルガー広場では、かつてのジャーナリストたちの声は面影もない。あるスカイニュースの記者は、ニューヨークの5番街とセントラルパークの一角から、がらんとした街路の衝撃的な景色を眺めながらその様子を報道した。

アメリカでは、中国やイタリアを抜いて世界最多の感染者数を記録するほど急激に増えた。世界では、依然として感染者と死者の数が急増していた。3月26日には感染者は50万人を超え、改善の兆しはなかった。翌日にはさらに10万人増加し、そのうち合計はすぐに100万人を超え、おそらくそれ以上の数になることが示された。

ロンドンでは3月24日、政府が休業を余儀なくされた労働者への手厚い財政支援を導入し、雇用主に対しロックダウン中の賃金の8割を助成した。その1日後、トランプ政権はアメリカでの感染を食い止めるために、景気刺激策として推定2兆ドルの暫定的合意に達した。今やウイルスが優勢になり、全世界がCOVID-19の猛威に対して事実上全面戦争に突入していた。この戦線では、通常兵器や戦場での戦術はなく、エッセンシャルワーカー以外の人々は、保健当局の指示に従って自宅に閉じこもっている。家族や近所の人たちが協力して、感染しやすい人たちを養い、守っている。先ごろ救急集中治療室に転用された病院の事故・救急部門では、電話で手術を保留する悩める医師や、ガウンを着てマスクをしたスタッフが、ベッド、人員、設備、特定の治療法が不足しているにもかかわらず、昼夜を問わず働いていた。

その間にも感染者数が増えていった。生体組織での戦いは鼻腔、肺への気道、血流やその他の臓器まで及んでいた。この戦場では適切な治療法がない中で、ウイルスに対してヒトの抗体と兵士細胞の防御という初期段階で戦いが行われる。おおよそ5例のうち4例で、この自然防御が勝利を収めていた。自らも感染者となったイギリスの主任医務官クリス・ウィッティーは、実際に取り組み全体の一環として、この段階の勝利を期待していた。他の戦略は、社会的隔離政策によりヒト集団での流行の波を遅らせることを目的としていた。社会的隔離手段を用いて、不可欠な集中治療室や施設がエピデミックのピークに破綻しないようにする。イギリス政府も、各国の政府と同じように、より効果的な対策を実施するための時間稼ぎをしていた。

現場では、スタッフを守るために、何百万もの保護具が追加発注された。負担を軽減するために、退職した医師も採用した。ウイルスに感染したスタッフや患者を正確に診断するために、抗原検査キットも大量に購入した。すでに感染している患者の数と感染経路を調べる目的で、抗体検査の有効性も評価した。3月29日現在、集中治療用ベッドは約9000人のイギリス人患者でいっぱいである。ロンドンのエクセル展覧会センターは「ナイチンゲール」病院の第一号として改装され、何千もの救急集中治療ベッドの増設が可能となった。

日本は、他よりも早くCOVID-19に見舞われた国の1つであった。だが、3月から4月にかけての当初の心配をよそに、その後、人口密度の高い先進国で最低の死亡率を記録することになる。2020年10月中旬までに、日本の感染者数は約9万人、死亡者数は約1600人となった。死亡者数には、元気な若い力士も含まれている。イギリスと比較すると、この数字の低さはいっそう印象的だ。同じ日、イギリスでは約65万5000人の感染者数と約4万3000人の死亡者数が確認されていた。韓国、台湾、香港、ベトナムも著しく死亡率が低く、日本の成功には、感嘆と困惑の両方が沸き起こった。疫学的リスク評価によれば、日本にはイギリスと同じようにCOVID-19ウイルスに感染しやすい多くの要因がある。にもかかわらず、日本はどのようにしてこのような注目すべき成果を上げたのだろうか？

ウイルスは密集場所、特に密閉空間での密接な接触により拡大する。中高年、とりわけ高齢者が死亡するなど影響を受けやすい。1人当たりで見ると、日本はどの国よりも高齢者が多い。また、日本の人口は大都市に密集している。首都圏には3700万人が住んでいて、その多くは満員電車で移動することが多い。日本は、WHOが「検査、検査、検査（test, test, test）」と繰り返した勧告に耳を貸さなかった。人口のわずか0・27％しか検査していないという。

日本は、ヨーロッパで必要とされたような強制的なロックダウンを導入しなかったが、注目すべき結果の推移は驚くべきものとなった。実際、日本では感染率や死亡率が低いことについて多くの説明がなされている。だが、真実は誰にもわからないというのが実情である。

2020年10月中旬までに、世界人口の4分の1を超える人々がコロナウイルスによる何らかの封鎖下で生活していた。およそ70の国と地域で、30億人以上が自宅待機を求められていた。

今では世界の感染者数は４０００万人に迫り、毎日40万人近くが新たに感染している。死亡者は１１０万人に達している。アメリカは依然として最も深刻な状況にあり、８００万人以上が感染している。インドはアメリカの集計を上回る可能性があり、ブラジルではすでに５００万人を超えている。この日までに、イギリスの感染者数はこの憂うべき集団で12位になっていた。

一方、この文章を書いている今、世界ではＣＯＶＩＤ-19パンデミックを収束させるための出口戦略が切望されている。だが、どのようにして実現できるのだろうか？

最も基本的な段階では、疑われる症例や接触者のウイルス感染を正確に検査する技術が必要である。そうすれば、感染者を診断して、隔離し、治療を行うことができる。同時にすべての濃厚接触者の追跡と隔離が可能である。また、集団感染の状況下で感染歴を評価できるように、質の高い抗体検査技術も必要である。さらに、有効な抗ウイルス薬や、感染を予防する、もしくは少なくとも感染リスクを減らすことができるワクチンが必要である。

過去に行われたエピデミックの予防策から得られる教訓もある。天然痘は、桁外れの予防接種プログラムを世界規模で実施したことにより根絶された。エイズと結核は、病原体の脅威へ反撃し、さまざまな予防戦略を用いて抑えることができるようになった。ＣＯＶＩＤ-19パンデミックに対する最終的な出口戦略は、同様のアプローチから導き出される可能性が高い。

ＣＯＶＩＤ-19の生体構造、仕組み、遺伝子については、極めて重要な表面スパイクの配列をコードする遺伝子から侵入と複製をコードするＲＮＡゲノム全体に至るまで、すでに多くのことがわかっている。ウイルスの接触伝播を減らすための公衆衛生戦略の実施が不可欠だ。その一方で、ウイルスの生体構造と遺伝子の知識を利用して、有効な予防ワクチンを開発している。可能性のあるワクチンについては、各国でさまざまな段階の臨床試験が複数実施されている。2021年初頭には、世界でワクチン接種が始まった。さらにCOVID-19がゆっくりと変異することがわかり、ワクチンへの期待が高まっている。ワクチンが成功する可能性が高くなった。

　現在、強力なステロイドであるデキサメタゾンで過剰な免疫反応を抑制したり、抗凝固剤によって命にかかわる血栓を防いだりすることができる。一部の患者ではこの治療により命が救われている。同時に、患者の命を脅かすウイルスを除去できる有効な抗ウイルス薬が必要である。期待の持てる抗ウイルス薬候補が「レムデシビル」である。レムデシビルは、ウイルスがゲノムを複製するために必要な鍵となる酵素を特異的に標的とする。初期の試験で万能薬ではなかったが、この薬は病気の重症化を防ぎ、回復までの時間を短縮することが確認されている。集中治療室での死亡率を下げることができるかもしれない。同時に、世界の大手製薬メーカーや有力研究機関では、他の抗ウイルス薬の探索が続いている。

＊　厚生労働省により1月16日付で発表された。1月28日には、武漢市からのツアー客を乗せた奈良県在住のバス運転手で国内初の人から人への二次感染が確認された。

第11章

マキアベリ的ウイルスからの教訓
手段を選ばない

狂犬病

10年前のことだ。それまで健康だった73歳のカナダ人男性が、肩の痛みを訴えて地元の病院を受診した。その後は、発熱、嚥下困難、筋肉の痙攣、全身の衰弱が続いた。神経の状態は悪化し、過敏性と嗜眠《しみん》［睡眠が持続した深い眠りに似た長期にわたる無意識状態］が増した。さらに、唾液が過剰に分泌され、口から唾液が漏れ出していた。2日後、手足と体の痙攣が始まり、神経科医が「除皮質姿勢」［大脳皮質と白質が障害されたときに生ずる硬直姿勢］と呼ぶ状態になる前に、知的能力を失った。除皮質とは、脳の高次機能部位である大脳皮質の機能が失われることを意味する。

肺の挿管と人工呼吸による通常の蘇生処置が行われた。輸液を静脈内に投与し、蘇生のための抗生物質とステロイドなどの薬物療法を行った。脳のCTスキャンは意外にも正常だった。だが、治療を担当していた医師は、実際に患者の体内で何が起こっているのか、疑念を募らせていた。

医師は男性の家族に、彼が動物に咬まれたことがあったかどうか尋ねた。その結果、6カ月前に左肩をコウモリに咬まれたことが判明したが、家族は医師の診察は必要ないと判断していた。医療チームは首の皮膚の生検組織、唾液、血液のサンプルを採取した。皆、1つの診断に注力していた。検査結果により、その懸念が現実となった。患者は、狂犬病の末期であった。医師は「ミルウォーキープロトコル」［ヒトの狂犬病治療での実験的な処置方法］と呼ばれる治療を開始したが、この不運な患者を救うには遅すぎた。さらに2カ月ほど昏睡状態で生き延びたものの、脳死が確認され、医療支援が取り下げられた時点で亡くなった。

病理解剖の結果、大脳皮質の顕微鏡検査で化膿性のウイルス性髄膜炎と判明した。大脳皮質を顕微鏡で観察したところ、狂犬病ウイルスが高次の精神機能を司る脳細胞をすべて破壊していることが確認された。

この気の毒な男性の場合は、コウモリに咬まれた直後に治療していたら、結果が大きく変わっていたかもしれない。そのことがより一層悲劇的であった。コウモリに1カ所咬まれただけで、こんなにも恐ろしい死に方をするとは、驚くべきことである。しかし実際には、この男性の悪夢のような衰弱ぶりを、約4300年前のバビロニアのエシュヌンナ法典の著者はよく知っていたようだ。古代の権威者は、狂犬をおとなしくさせず、市民を咬んで死なせてしまった場合に、飼い主に銀40シェケルの罰金を科すと命じた。

何千年もの間、狂犬病の治療が行われずに死に至ることが続いていた。ローマの賢者、アウルス・コルネリウス・ケルススは、狂犬病に感染した動物に咬まれた傷を熱した鉄で焼灼することを推奨した。苛酷な治療法であるが、動物に咬まれた直後に行えば効果があることが実証されていた。だが、この根本的な治療法を知っている者はほとんどいなかった。1884年にフランスの先駆的な微生物学者ルイ・パスツールが初めて狂犬病ウイルスワクチンを導入するまで、狂犬病は変わらず致命的な疫病であった。今日でもパスツールワクチンは、狂犬病に感染した動物に咬まれた人々のこの恐ろしい病気を予防することができる最善の策となっている。今日では、感染者の命を救える別の治療がある。ただし、病気を早期に発見できた場合に限る。

狂犬病ウイルスは既知のウイルスの中で奇妙で毒性が強いウイルスである。一見マキアベリ的で（手段を選ばない）狡猾な戦略を用い、その生存と増殖を強化する。狂犬病ウイルスは、「狂乱（frenzy）」を意味するギリシャ語の「lyssa」に由来するリッサウイルス属の一種である。感染した動物やときにはヒトで、ウイルスが引き起こす狂気を言い表している。

なぜ、ウイルスは感染者だけでなく、感染者に生息するウイルス集団をも絶滅させるような恐ろしい戦略を進化させたのだろうか？　答えは複雑そうだが、少なくとも部分的には、感染者がウイルスの自然宿主ではないという事実を反映しているのかもしれない。

狂犬病とすべてのリッサウイルスはラブドウイルス科に属し、爬虫類、魚類、甲殻類、哺乳類、さらにはある種の植物など非常に多様な宿主に感染する。パスツール研究所の専門家エルベ・ブーリーによると、狂犬病ウイルスはコウモリの共生パートナーであり、コウモリには病気を引き起こさないということである。だが、同じ狂犬病ウイルスは、キツネ、コヨーテ、ジャッカル、げっ歯類、そしてもちろんイヌなど多種多様な哺乳類に「感染」することができる。

進化の観点から、これらの哺乳類はすべて使い捨てであると見なすことができる。それゆえに、ヒトを含む非宿主種の動物でのウイルス感染による一見自殺的な死亡率の高さは、ウイルスの生存を脅かすものではない。ウイルスはコウモリの宿主に存在し続けるからである。そうであれば、それほど好かれていない動物に狂犬病ウイルスのやり方以上に悲惨なやり方、すなわち獲物の脳の中枢に感染し制御不能な怒りを引き起こすようにプログラムするというような恐ろしいやり方を考え出すのは難しいだろう。

同時に、動物の唾液腺でも複製を行い、怒りによって範囲内にいるあらゆる生き物を咬むという狂乱によって感染を最大限に広げる。自然宿主に対する生態系でのライバルや潜在的な脅威を排除する以外に、長期的な進化の目的を見出すのは難しい。もしかしたら違う質問をしたほうがいいかもしれない。ウイルスはコウモリの間でどのように広がるのか？

コウモリは、約1200種で構成される哺乳類である。コウモリが属する目《もく》は、種の数が2番目に多い。狂犬病ウイルスがそれらすべてと共生するとは考えにくい。この疑問に答えられるほど、コウモリの狂犬病ウイルスの共生相手について十分に解明できていない。だが、咬むことによって死に至らせるという進化が、イヌやヒトまたは前述の哺乳類とは関係なく、コウモリの異なる種間の競争で戦略として進化したとしたらどうだろう？　そうなれば、生活空間や資源をめぐる競争により、マキアベリ的な行動が完全に理解できるようになる。

ラブドウイルスという科名は、「棒」を意味するギリシャ語の「rhabdos」に由来する。狂犬病ウイルスは棒状で、一方の端が平らで、もう一方の端が丸くなっている。まさに弾丸の形をしている。ビリオンは長さ170nmで、ウイルスカプシドを保護する脂質のエンベロープに包まれている。カプシドはゲノムを保護している。これまでに見てきたウイルスのカプシドは、結晶のような正二十面体対称性をしていたが、狂犬病ウイルスのカプシドは、すべてのラブドウイルスがそうであるように、ゲノムの周りにらせん対称に回転している。

狂犬病ウイルスはコウモリ以外のすべての温血動物に感染可能であるが、感染しやすさには順位があり、キツネ、コヨーテ、ジャッカルの順で、オオカミが最も感染しやすい。意外にも、イヌの感染しやすさは中程度である。けれども、ヒトとの関係が近いため媒介動物としてはイヌが世界中で最も多くなっている。家畜用ワクチンをイヌに接種すればリスクを軽減することができる。だからといってコウモリに咬まれるリスクや、ネコや、北米大陸のアライグマやスカンクなどの動物による二次的なリスクがなくなるわけではない。

狂犬病を発症していないコウモリであろうと、狂犬病を発症している動物であろうと咬まれれば、狂犬病ウイルスは感染しやすい獲物に侵入する。ウイルスは咬傷から皮膚バリアを通り抜けて深部組織へ到達する。擦りむいた皮膚を軽く舐めるだけでも、感染力のある唾液によってウイルスが伝播される。また唾液が目や口や鼻に直接触れて感染することもある。感染後の潜伏期間は10日から1年以上とさまざまだ。

咬まれると、ウイルスはまず皮膚と筋肉の細胞で増殖し、その後、末梢神経に到達する。ついには脳に移動し、ここでウイルスは最終的な標的細胞を見つけることになる。脳の上層部に存在する神経細胞で、ヒトでは高次の精神機能を司る。

感染部位に痛みやうずきがあり、ぎくしゃくした局所の動きを伴う場合、病気は初期段階である。ウイルスが脳に侵入して初めて、患者は狂犬病の症状と徴候を示す。症状は、2つのパターンのうちのどちらかをたどる。少数の患者では、体の麻痺が徐々に上に向かって進んでいき、最後には死に至る。しかし、患者の約80%は、カナダ人男性のように、不安で心配そうな表情とともに脈拍と呼吸が速くなり、興奮状態に陥る。イギリスで報告されたある症例では、そのような心理的障害から、患者の状態が当初統合失調症と誤診されていた。顔面筋の痙攣と麻痺、他の部位でのチック様症状は、特徴のある狂犬病発症時の、そしてこの段階の典型的な症状である。患者はどうしても水を飲みたくなるが、ふびんなことに飲もうとすると水を見ただけで喉や呼吸筋が激しく痙攣し、恐怖に襲われる。1週間ほどで麻痺の範囲は広がり、昏睡、心血管虚脱に陥る。

幸いなことに、現在では狂犬病は予防も感染後の治療も可能である。イヌや病気のリスクが高い人々へのワクチン接種で、北米、オーストラリア、日本、西ヨーロッパの多くの国では十分な成功を収めている。コウモリに咬まれたり、感染の疑いのある動物に咬まれたりした場合でも、狂犬病免疫グロブリンによる治療で病気を防ぐことができる。ただし、感染後10日以内に投与する必要がある。それだけに、2015年に狂犬病によって約1万7400人が死亡し、今なお世界中で蔓延しているというのはなんと悲しいことか。死亡例の大半はアフリカとアジアで、その約40％は15歳未満の子どもである。

この危険なウイルスは、自然宿主であるコウモリが生き残っている間は姿を消しそうにない。我々は他のエピデミックを引き起こすウイルスや風土病ウイルスに関係する同じ現象を多く見てきた。インフルエンザでは水鳥、ハンタウイルスではシカネズミというように。これは重要な疑問につながっていく。**このようなウイルスと宿主の共生関係は、自然界ではどのようにして生じるのか？** この疑問に答えるために、ウサギに人為的な疫病を用いた生物兵器実験からヒントを得よう。

1859年、オーストラリアへヨーロッパからの入植者の食料源として、野生のヨーロッパアナウサギが初めて輸入された。自然界に天敵がいなかったことから、ウサギは短期間に爆発的な繁殖を遂げ、作物や牧草を食い荒らした。1950年の3月から11月にかけて、オーストラリア当局は生物兵器を使って野生のウサギをウイルスに感染させ、その個体数を減らそうとした。選んだのは、ブラジルのワタオウサギのポックスウイルスである。このウイルスはブラジルのウサギに持続感染し、昆虫によって媒介される。この場合の「持続」とは、ウイルス感染後は個体レベルであろうと種レベルであろうと、ウイルスはその宿主を決して手放さないという意味である。これを理解することが重要である。このような状況は、ウイルスと宿主の「共進化(co-evolution)」、言い換えると共生相互作用を進展させる。

ウサギポックスウイルスは、ブラジルのウサギ宿主に病気を引き起こすことはほとんどないが、ヨーロッパのアナウサギには、「粘液腫《ねんえきしゅ》症(myxomatosis)」を引き起こす致死的なウイルス株がある。1950年の3月から11月、オーストラリアの生物学者は、オーストラリア南東部マレーバレーの5カ所で、野生のアナウサギの試験グループに高い致死性のウイルス株を接種した。

これは進化実験として計画されたものではなかったが、振り返ってみると、進化にとって意味を持つ重要な試験モデルであった。実際に、すでに野生でウイルスと共進化しているウサギが、遭遇したことのないウイルス種と接触した場合に起こる状況を再現したのだ。このような状況では、ウイルスは種を飛び越えて「エマージングウイルス感染」を起こしやすい。

エマージングウイルスはエピデミックやパンデミックの大きな原因である。最近の例としては、HIV-1、エボラ、シンノンブレハンタウイルス、ラッサ熱、鳥インフルエンザ、SARS、記憶に新しい例ではジカウイルス、COVID-19などがある。生物学者はこれまで、オーストラリアとヨーロッパで粘液腫症ウイルスを使った同様の実験を試みていた。しかし、どの実験でも、急増するウサギの個体数をコントロールするという目的は失敗に終わっていた。

新しい実験を始めたとき、またしてもほとんど何も起こらなかったが、オーストラリアの科学者はまったく驚かなかった。接種から9カ月ほどの間、ウイルスはほとんど広がらなかったようである。粘液腫症ウイルスは蚊に刺されることで広がる。その9カ月間は比較的乾燥していたのだ。ところが、突然12月になると感染が爆発的に広がった。雨の多かった春の間に蚊が急増したためである。粘液腫症ウイルスはウサギの免疫系細胞を優先的に標的とする。これはもういささか見慣れてきたことだ。

ウイルスの最初の標的細胞はウサギの皮膚の主要組織適合性II型細胞であった。そこから隣のリンパ節へと広がっていく。さらに血液によって脾臓に広がり、ウイルスはリンパ球と呼ばれる白血球を標的とした。ここでウイルスは複製され、感染したリンパ節や脾臓の1グラム中に1億個のレベルにまで増殖する。そこからさらに血流が広がり、ほぼ例外なく死に至る病気となった。発症したウサギの頭、まぶた、耳が腫れ、体、耳、脚の皮膚にただれ、肛門性器の目立つ腫れ、結膜炎、血性鼻汁が見られた。共生パートナーであるブラジルのウサギには病気を引き起こさなかったこのウイルスは、オーストラリアのウサギにとっては世紀末のような惨事であった。

粘液腫症のエピデミックが発生してから3カ月で、西ヨーロッパ全域に相当する面積のオーストラリア南東部に生息していた99・8％のウサギが駆除されたのだ。観察していた科学者たちは、ダーウィンの自然淘汰の中で歯も爪も血まみれのウイルス、すなわち「宿主が進化する相互作用」を間近で目撃した。

だが、これは人間の手で故意に導入されなければ、自然界ではまったく起こらなかったことだ。自然界でのかち合いであれば、粘液腫症ウイルスが自然宿主であるブラジルのワタオウサギと一緒にライバルのウサギの生態系に侵入することになる。ウイルスの攻撃によってオーストラリアのライバルウサギが淘汰され、ブラジルのウサギが生態系を支配するようになると予想される。

これは、私が「**攻撃的共生**（aggressive symbiosis）」と呼んでいる進化メカニズムの典型的な例である。しかし、この人間が導入したシナリオでは、淘汰を利用して進化するライバルはいなかったのだ。これは進化力学を根本的に変えた。オーストラリア当局は野生のウサギを完全に駆除することを望んでいたが、それは実現せず、代わりに攻撃的共生とは異なる力学が現れた。

「自己（self）」の決定と同様に、感染に対する抵抗性は「主要組織適合遺伝子複合体（major histocompatibility complex）」と呼ばれる染色体領域によって決定される。ウサギには他の哺乳類と同様に、多様なウサギ集団で進化してきた遺伝子の変異があり、この変異が感染に対する反応を決める重要な役割を果たしている。これらを「遺伝子型（genotypes）」と呼ぶ。

ウサギ集団全体では、粘液腫ウイルスに対する遺伝子型が他の遺伝子型よりも致死性が高いと考えられる。このように持続感染ウイルスが原因のエピデミックでは、必然的にウサギ集団全体で最も致死性の高い遺伝子型が淘汰される。ウサギの死亡率が非常に高いということは、大半が極めてウイルスに感染しやすい遺伝子型を持っていたことを示している。しかしこのような淘汰は、死亡率の低い少数の遺伝子型のウサギにはあまり影響しない。

組織適合遺伝子型は遺伝する。次の世代に命を受け継ぎながら、致死性に対する抵抗性が選択されているのだ。ここでもまたウイルスが持続的であることの重要性がわかる。やがてウサギはあっという間に繁殖し、持続感染を生き延びることができる新しいウサギの遺伝子型が出現した。粘液腫ウイルスはこの生き延びたウサギを新たな宿主として選択した。

ウサギが淘汰されたのち、ウイルスと新たな宿主との間には共生的共進化が起こった。わずか7年の間に、ウイルスによる新しいパートナーの死亡率は25％に減少した。再び急激に増加したウサギ集団は、攻撃的共生パートナーの致死性に対してほぼ完全に耐性を持つようになり、このウサギとウイルスの共生は今日まで続いている。ウイルスが生存し繁殖するための進化は、新しい宿主とパートナーとの関係によって達成される。だが、ウサギとの関係から得られる利益とは何だろうか？　我々が考える必要があるのは、ウイルスに感染したことがないライバル種のウサギが、共進化するパートナーシップの生態系に入ってきたらどうなるかということだけである。

攻撃的共生をするウイルスが、いかに生態学的なライバルから宿主を守るかというだけでなく、攻撃性がウイルスの新しい宿主との安定した共生関係をどのようにして確立するかを見てきた。共生関係を発展させるこのようなやり方は冷酷に見えるかもしれないが、それは道徳的な判断で見ているからだ。ウイルスは、生存と複製という原始的な進化の推進力によってのみ動く。ウイルスには、道徳そのものがない。

第12章

人畜共通感染症

エボラ出血熱とCOVID-19

12

1976年のことである。ヌザラに住むユシアという男性が体に不調を感じていた。ヌザラはスーダン最南部にあり、コンゴ民主共和国（当時のザイール）との国境に近い。熱帯雨林の密林を切り開いたばかりの町である。樹上にはコロブスと呼ばれるサルの仲間が住み、丈の高い草むらではヒヒの集団が縄張り争いを繰り広げていた。

ヌザラは人口2万人、大半がアザンデ族である。トタン屋根にレンガの家も時折見かけるが、ユシアと2人の妻や住民の大半は、「タクル」と呼ばれる泥壁と草ぶき屋根の家に暮らしていた。ユシアが体の不調を感じたのは、6月27日である。額のあたりから始まった頭痛が、頭全体へ広がった。さらにひどい吐き気が襲ってきた。喉の痛みはしだいに耐えがたいものとなり、まるで火の玉を飲みこんだようだと弟のヤソナに訴えた。

痩身で健康そのもののユシアは、これまで病気らしい病気をしたことがなかった。だが、今はその舌はからからに乾燥し、口内には痛みのある潰瘍が広がり、唾を飲み込むのもままならない。次に襲ってきたのは強烈な筋肉の痛みだった。胸、首、腰のくびれた部分から両足へ向かって痛みが広がった。目はくぼみ、頬はげっそり痩せ、表情が消えた。うめきながら、ベッドに横たわるばかりだ。ヤソナは泥壁と草ぶき屋根の兄の家に泊まり込んで熱心に看病したが、病状は驚くほど急激に悪化していった。

いくら手を尽くしても、ユシアの苦痛はまったく和らぎそうになかった。6月30日、このままでは駄目だと感じたヤソナは、兄を地元の病院へ入院させた。

ヌザラの病院は鉄枠のベッドが数台あるだけの小屋だ。しかも医師1人に看護師1人だけで、医師はサル狩りに忙しい。ユシアは痙攣性の腹痛、下痢、嘔吐、全身衰弱に苛まれていた。2日後、鼻や口からおびただしい量の出血が始まり、下痢も血に染まった。全身の肉がそげ落ちて骨が目立ち、目をじっと見開いた無表情な顔は骸骨のようだった。7月6日、死は慈悲深い救いとなって訪れた。


熱帯では発熱性の病気による死は珍しくない。マラリア、腸チフス、結核、眠り病などは、人々の生活と切り離せないもので、そのどれもがユシアを苦しめたような症状を引き起こして命を奪うようなことがある。だが、この病気はいつもの病気とは違うようである。まもなく、病魔は同じような耐えがたい症状で他の人々をも襲い始めた。ユシアは集落で急激に広がっている新たな熱病の初めての患者となった。

やがて、熱病が親密なスキンシップによって広がっていることが明らかになった。ユシアの集落では、病人は伝統的に妻や近親者が世話をする。死者の体は、妻や近親者によって埋葬前にていねいに洗い清められる。この儀式では、泣きながら死者の体をなで、顔にキスをし、悲しみをあらわにする。このような親密な接触により、地域内で爆発的に感染が広がった。接触伝染により、8月までにヌザラの東128キロにあるマリディにまで拡大した。

マリディは、規模が大きく設備の整った病院のある町だ。ここでは、昔ながらのナイチンゲール病棟に熱病患者があふれ、ベッドが互いに近接していた。患者もスタッフも等しく亡くなっていた。その後、熱病は隣国コンゴ民主共和国に広がり、8月下旬にはヤンブクという町の病院を襲った。マリディから南西へ825キロ、ヤンブクは赤道をまたぐブンバゾーンにあった。1976年当時、ブンバゾーンには27万5000人もの人々が暮らしていた。ここの比較的整ったミッション病院で、再び熱病患者が爆発的に増えた。

「熱病」の正体は謎であった。黄熱病ではないかという説もあったが、それにしては黄疸がほとんど見られない。見慣れた熱病に似ている点はあるものの、奇妙な症状や徴候があり、その激しさはそのどの病気とも違う。患者は自分たちに起こっていることに怯えた。口や耳など、あらゆる開口部から出血している。まるで脳まで冒されたかのように、でたらめにわめき散らしたり、衣服を脱いだり、ベッドから逃げだしたりする者もいた。

病状が悪化するにつれ、患者の顔からは奇妙にも表情が失《う》せ、目は落ちくぼんでどんよりとし、迫りくる死の仮面のように見えた。看護師や医師も死亡している。それは止めようがなく、患者の世話をするすべての人を巻き込んで広がっていった。恐怖に駆られたスタッフは、病院を見捨てた。治療しようにも、修道女たちにはなすすべもなかった。もう誰も死者を洗ったり埋葬したりしようとしなかった。自由を約束しても、囚人たちでさえ死体を動かすことを拒んだ。近隣の村から漏れてくる話も、同じように深刻さを増すばかりだった。

パニックに陥った地元の医師がキンシャサの保健大臣に訴えたのは当然のなりゆきである。コンゴ民主共和国は、かつてベルギーの植民地であり、ベルギー領コンゴと呼ばれていた。助けを求める怒りの声はブリュッセルにも広がった。同時に現地の恐ろしい状況が報告され、ジュネーブにあるWHOの目にとまった。このエピデミックが、新たなエマージングウイルスの前触れではないかとの懸念が広がっていた。疫学の専門家はイギリスからスーダン南部に、ウイルス学の専門家はベルギーからマリディに飛び立つよう依頼された。その任務は、恐ろしい伝染病の原因が何であるかを明らかにすることだった。

1976年の時点では、エマージングウイルスの診断はさぞ困難だっただろう。方法はいくつかあった。まずは、患者の血液中のウイルスに対する特異的な抗体を探すことから始めた。エ検査は初歩的なものだが、血清を検査するには信頼性の高いウイルス抗原が必要であった。エマージングウイルスに対処する際に問題となるのが、信頼できる抗原がないため、標準的な血清学的検査は役に立たないということだ。

このような状況で、新しいウイルスを探す方法は他に2つある。感染した血液や組織を実験動物に接種し、動物で病気の影響を調べる方法と、さまざまな種類の細胞培養法を用いてウイルスを増殖させる方法だ。ブリュッセルの経験豊富なウイルス学者ステファン・パティン教授は、ヤンブクのミッション病院で亡くなった修道女の血液と肝臓のサンプルを検査し始めた。その際、第一の仮説を立てた。「ラッサ熱」ではないかと考えていたのだ。数年前にアフリカの別の地域で初めて発生した出血熱である。その仮説にしたがって、感染患者の血清をマウスに移植した。

もう1つ、もっと深刻な可能性があった。出血熱ではあってもラッサ熱ではないかもしれない。もしそうなら、きっとアルボウイルスだろう。アルボウイルスは昆虫に刺されることで伝播するウイルスで、「節足動物媒介（arthropod-borne）」に由来する。そこで、さらに修道女の血清の一部をマウスに接種した。また、修道女の肝臓の一部をホモジナイズ［組織を壊して均質化すること］してフラスコの培養細胞に加えた。次に肝臓の組織をホルマリンで固定し、同僚の病理学者であるギガゼ博士のもとへ送った。彼は、接種したマウスの臓器や体内組織内へのウイルスの影響を調べた。24時間以内に電話で検査の報告があり、肝炎に密接に結びつく所見があったという。肝細胞に「封入体」［ウイルス感染により生ずる顆粒構造］が見られたと聞いて、パティンの胸は高鳴った。封入体はウイルスの存在を意味する。だが、肝臓を攻撃するウイルスは数多くある。診断を確定することはできなかった。

10月5日、パティンはジュネーブのWHOウイルス感染症課長のポール・ブレスに電話した。パティンは、ブレスがすでにアフリカの謎のエピデミックについて知っていたことに驚いた。ブレスはパティンに、WHOはアフリカでの新たなエピデミックに対して大きな不安を抱いていると伝えた。WHOでは、パティンの研究室は一般的な病院の臨床検査施設と違って危険なウイルスに対応する設備が整っていないと考えていた。そのような状況で日常の予防措置を取るにはあまりにも危険すぎると考えたブレスは、パティンにすべての検体をイギリスのポートンダウンへ送るように勧めた。ポートンダウンにあるバイオセーフティレベル4の研究室では、非常に感染力が強く致死率の高いウイルスに対処できる適切な設備を備えていた。

数日のうちに、パティンは感染したマウスから得た血清、肝生検、脳の一部と培養液を厳重に梱包し、すべてをポートンダウンに送った。この頃には、スーダンからの検体もポートンダウンに届いていた。ここでは、経験豊富なウイルス学者のアーニー・ボウエンが、アフリカから届いた検体を用いて広範な血清スクリーニング、細胞培養、実験動物への接種を指示した。

スクリーニングは、黄熱病、クリミア・コンゴ出血熱、リフトバレー熱、ラッサ熱などの致死的な出血熱ウイルスについて実施した。ボウエンは、デビッド・シンプソンと緊密な協力関係を築いていた。シンプソンは、イギリスで経験豊富なウイルス学者であり、ロンドン大学衛生熱帯医学大学院に勤務していた。ボウエンはシンプソンに電話をかけ、パティンも疑っている「マールブルグウイルス」の可能性について話し合った。9年前、この極度に致命的な出血熱が初めて現れたとき、2人のイギリス人ウイルス学者は、協力してマールブルグウイルスの診断にあたったのだ。

1960年代当時、サルは医学研究や生物学研究用の実験動物として扱われていた。マールブルグウイルスは、1967年にドイツのマールブルグにあるモンキーファクトリーの従業員の間で不可解な伝染病が発生したときに発見された。まもなく、フランクフルトやユーゴスラビアのベオグラードでも、同じような病気が発生した。

原因ウイルスの発見は、ウイルス学界に衝撃を与えた。今まで見たことがないようなウイルスであった。病状が進むと、サルもヒトも発疹が融合して、顔も体も手足も打撲傷のように見える血斑《けっぱん》に覆われる。発病して16日後には、皮膚がはがれ落ち、毛髪が抜け、爪までがぼろぼろ落ちた。患者のうち7人は激しい出血を起こし、鼻や歯茎はおろか、血管や注射の針をさせばたちまちそこからも出血した。血を吐き、腸から出血して下血もひどかった。最も重篤な症例では感染者が命を落としたのはもちろん、死の前には精神的な混乱や昏睡状態に陥るなど、脳までがウイルスに冒されたことを示していた。これらの症状は、マリディとヤンブクの患者で報告されていたものと非常によく似ていた。

当時の主任ウイルス学者C・E・ゴードン・スミスの上級助手を務めていたデビッド・シンプソンは、ポートンダウンで幅広く検査を行い、マールブルグ熱によるエピデミックの原因ウイルスを発見した世界初の研究者となった。シンプソンは後に、電子顕微鏡で拡大されたものを見たときには自分の目が信じられないほどだったと話してくれた。「見ようによっては、恐ろしげに悶えるヘビか寄生虫を思わせた。ドーナツのような輪や、アルファベット、クエスチョンマークやコンマのようなのも見える。不気味なウイルスは、幅はわずか80nmだが、ヘビのとぐろのような部分の長さは1万4000nmにも達した」。

シンプソンは電子顕微鏡を操作していた技師を思わず振り返って言ったのだった。

「これはいったい何だ？」

イギリス人ウイルス学者が発見したのは、まったく新しい科に属するウイルスだった。今日では、ラテン語で「糸」を意味する「filum」から**フィロウイルス**と呼ばれている。地球上で最も危険な病原体の1つである。

その9年後、マリディとヤンブクから検体が届いた。アーニー・ボウエンはマールブルグ病発生のときと同じ一連の検査を実施した。一方、アトランタのCDCでは、バイオセーフティレベル4の実験室で働くウイルス学者たちが、スーダンやコンゴ民主共和国で起きている出来事に強い関心を持っていた。その中に、ウイルス病理学部門の主任であるフレッド・マーフィーと、特殊病原体部門を率いるカール・ジョンソンがいた。しかし、CDCにできることはほとんどなかった。現地国政府からの正式な依頼がなければ介入できないのだ。

ジョンソンはポートンダウン研究所が調査を開始しているらしいと知り、ボウエンに電話をかけた。当時、WHOからは守秘義務が課されていた。だが、ボウエンはジョンソンに、マールブルグ病を疑っているが確たる証拠をつかめていないということを認めた。ジョンソンは、アメリカで開発された免疫蛍光法［蛍光抗体法ともいう。蛍光標識した抗体を利用して組織や細胞における特定の抗原分子の局在を蛍光顕微鏡下で観察する方法］を利用して、検査にかかる時間を大幅に短縮することを提案した。これはボウエンにとって納得のいくものだった。ボウエンは、亡くなった修道女の血清と肝生検で得られた組織をジョンソンに送り、それらは10月10日にアトランタに届いた。

血清と組織を検査したのは、ジョンソンの妻パトリシア・ウェブだった。彼女は、特殊病原体部門で助手として働いていた。2〜3日後、亡くなった修道女の妹から採取した血清が、培養細胞に細胞変性を引き起こすことがわかった。病原ウイルスが存在する証拠だ。パトリシアはフレッド・マーフィーが電子顕微鏡で観察できるように、培養フラスコの上清液を渡した。「サンプルを顕微鏡に装着し、顕微鏡をのぞいた瞬間、細長くカールしたひも状の粒子が目に入った。かなりユニークなウイルスだ。マールブルグウイルスにそっくりだった。まさにうりふたつ。髪の毛が逆立った」とフレッド・マーフィーは話した。

彼らは、第2のそして同じように致命的なフィロウイルスを発見したのだ。このウイルスは、コンゴ川源流の名を取って「**エボラウイルス**」と名づけられた。1976年にスーダンで発生したエボラ出血熱の全死亡率は53%、コンゴ民主共和国では89%という恐ろしい数字であった。その後、両国でエボラ出血熱による感染が相次いで起こったが、1994年まで大きなアウトブレイクはなかった。だが、2014年には、西アフリカでこれまでで最も悲惨な流行が起こるなどアフリカ諸国でのエボラ出血熱のアウトブレイクが、繰り返し世界的なニュースになっている。

その後の研究により原因となるウイルス株の「エボラ」はフィロウイルス科のエボラウイルス属として定義された。エボラウイルス属のウイルスには現在、公衆衛生にとって重大な脅威をもたらす種が数多くある。コンゴ民主共和国（旧ザイール）エボラウイルス、スーダンエボラウイルス、レストンエボラウイルス（これはアメリカで確認されたものだが、ウイルスはアジアが起源のようだ）、タイフォレストエボラウイルス、ブンディブギョエボラウイルスである。2014年の西アフリカのエピデミックでは、約2万8000人が感染し、1万1000人以上の命が奪われた。

保健当局は、将来の病気や死亡を予防する世界規模のサーベイランス戦略を検討している。エボラ出血熱やマールブルグウイルスの次に発生する壊滅的なアウトブレイクの危険性を予測するためだ。だが、いくつかの重要な疑問が残されている。このウイルスはどこから来たのか？　ドイツのマールブルグやアフリカのマリディとヤンブクで、ウイルスが致命的であることがわかって以来、ウイルス学者を悩ませてきた疑問の1つである。自然界でフィロウイルスの保有動物は何なのか？

今日では、我々はその疑問に対する答えを知っていて、エボラウイルスやマールブルグウイルスと他のエピデミックを引き起こすウイルスを結びつけることができる。オオコウモリはフィロウイルスの自然宿主と考えられる。またしても興味深いことに、コウモリとのパートナーシップでは、これらの恐ろしいウイルスが病気を引き起こすことなく共存していることがわかった。ウイルスがコウモリからヒトや他の哺乳類にどのように伝播するようになったのかは、現在も調査中である。ヒトのアウトブレイクでは、コウモリの生態系に入り込んで感染したのは1人もしくはごく少数であったと考えられる。感染は、本来の生態系である熱帯雨林や森林で起こった。一方で、シンノンブレハンタウイルスや狂犬病のようなウイルスとは異なり、フィロウイルスがヒトからヒトへ容易に伝播するという点が厄介なところだ。

エボラの話には、別の意味合いもある。ハンタウイルス、ラッサウイルス、HIV、SARSのような他のエマージングウイルスと重要な共通点があるように思える。**このような危険な新興感染症の原因は、地球の人口が急激に増え、ヒトが自然界のウイルス宿主に接触する機会が増えた結果である。**これら自然界の保有動物による感染症は、「**人畜共通感染症**」［動物を宿主とする病原体がヒトに感染して起こる疾患］と呼ばれる。重要なのは、今現在の世界に明らかに影響を与えていることである。2020年のパンデミックの原因であるCOVID-19も、人畜共通感染症である。

心配ではあるが、COVID-19がどのようにして出現したのかを理解し、他の既知の人畜共通感染症と比較すれば、進化のレベルで何が起こっているのかについての洞察を得ることができるかもしれない。


ここで、1990年のシンノンブレハンタウイルスエピデミックの真っただ中で行ったイェーツ教授へのインタビューの話に戻るとしよう。彼がげっ歯類とハンタウイルスの非常に密接な共進化について説明してくれたことを思い返そう。私はこのインタビューで、進化のレベルでウイルスが宿主とどのように相互作用するかについての認識が変わった。イェーツ教授との会話中でさえ、彼がウイルス学の用語で「共進化（co-evolution）」と定義したものが、一般生物学者が「共生（symbiosis）」と呼ぶものと同義なのかどうか疑問に思っていた。

私は、共生についてさらに詳しく研究するようになった。共生学の第一人者、故リン・マーギュリス教授にインタビューし、共生について、また、「シンビオジェネシス」という関連するテーマ、すなわち進化のレベルでの共生をどのように定義するかについての理解を深めた。私はますます、ウイルスが単に共生関係によってのみ進化したのではないと確信するようになった。宿主とウイルスのすべての相互作用が共生関係による進化に従ったのだ。ウイルスは真の共生者であった。

自然界の共生関係による進化では、通常、自然選択は利己的にふるまっているウイルスの個体と宿主の個体それぞれに対して作用するだろうと考える。だが、共生の観点から見ると、もう1つのレベルがある。両者の「共生関係」に対しても、かなりの程度、自然選択は作用するのだ。ウイルスが共生関係から得るものは容易にわかる。宿主はウイルスが複製できるように、自身の細胞機構と遺伝機構をウイルスに提供する。では、ウイルスが共生相手に寄与している可能性はあるのか?

本書の後半の章で明らかにするように、ウイルスが宿主の進化による成功を推し進め、共生相手に寄与する方法は数多くある。その1つが、**多くのウイルスに共通する1つの特性として、競争相手の宿主を死に至らせる**というものだ。自然保護プログラムでよく見られる、生存のための悪戦苦闘を思い出してほしい。厳しい戦いの中で、ウイルスはライバル種や同じ種のライバル集団に対して攻撃をすることがある。

前章では、オーストラリアで行われたウサギの粘液腫症の話をした。もしウイルスがウイルス学者の実験ではなく、自然宿主であるブラジルのウサギとともに持ち込まれ、絶えず変化する関係になっていたら、どうなっていただろうか。答えは明らかだ。ブラジルのウサギと共生するウイルスがオーストラリアの生態系を占有するようになったであろう。

イギリスでも現在、野生のアカリスとアメリカから持ち込まれたハイイロリスの間で同様の生存競争が起こっている。このとき、共生するポックスウイルスもハイイロリスと一緒にやってきた。地理的隔離をしなければ、アカリスが絶滅の危機に瀕するほど、アカリスにとってポックスウイルスが致死的であることがわかっている。これは、ハイイロリスとポックスウイルスの共生関係による自然選択の例である。ウイルスが競争相手の宿主を殺すという利点をもたらしている。リスのポックスウイルスは、「攻撃的共生者（aggressive symbionts）」からの命令に従っているのだ。ヒト集団でのCOVID-19も同様だ。

ヒトと動物のウイルス性疾患は、多くが人畜共通感染症に由来することがわかっている。エボラ（コウモリ）、シンノンブレハンタウイルス（ジカマウス）、ラッサ熱（げっ歯類）、狂犬病（コウモリ）、インフルエンザ（水鳥）、ジカウイルス（サルや類人猿）、黄熱病（サル）、SARSとMERS（コウモリと考えられているが、ジャコウネコやラクダなどの中間宿主が関与している可能性がある）、HIV-1（チンパンジー）などだ。

このような人畜共通感染症の重大さから、科学者は、将来のエピデミックの脅威を予測し、流行を防ぐための対策を講じるために、野生動物が持つウイルスの多様性を研究してきた。先ほどの例を見ると、コウモリはフィロウイルスと狂犬病ウイルスの両方を持っている。さらに、アジアで報告されたバイオセーフティレベル4のウイルスであるヘンドラウイルスとニパウイルスの宿主でもある。これらのウイルスは、ウマ、ブタ、ヒトに重篤で致命的な感染症を引き起こす。我々は、コウモリ由来のウイルスに特に注意しなければならないのだろうか？

コウモリと致命的なウイルスが密接に関連しているのは、他の哺乳類に比べてコウモリの種が多様であるためと考えられる。しかし、矛盾した結論に達した研究者グループもあった。哺乳類に感染するすべてのウイルスの情報を集めたところ、586種類のウイルスが754種の哺乳類に感染していた。このデータを使って、それぞれの哺乳類の「ウイルスの豊富さ」を計算できるシステムを考案した。次に、種を超えてヒトに感染する潜在型の病原体を特定した。彼らは、コウモリの種の多様性と、個々のコウモリが平均17種のウイルスを保有しているという事実から次のように結論づけた。コウモリは、他のどの哺乳類よりもはるかに、そして他のどの集団よりもヒトに感染するウイルスを宿している可能性が高い。

しかしながら、この研究グループはコウモリを過度に心配しなくてよいはずだと我々を安心させてくれた。通常は、コウモリがヒトと接触することはほとんどない。それでも、狩猟や単なる偶然によってコウモリの生態系に侵入し、遭遇することは往々にしてある。残念ながら、これはCOVID-19の発生源と一致する。中国人医師の調査で、武漢の海鮮市場にたどり着いた。ここでは生きた野生動物が売られ、食肉処理されていた。だが、ここで明らかな事実を理解する必要がある。**ウイルスがコウモリをはじめとする自然界のさまざまな動物を宿主としていること自体が問題ではないのだ。問題は、急増する人口と密接に関連している。森林や熱帯雨林など原生自然地域へ侵入する機会が増え、野生生物との接触が避けられなくなっていることが原因である。**

エイズは1920年代にアフリカで発生した。食用の肉を求めてチンパンジーを狩猟したことによる。2002年のSARSによるエピデミックは、コウモリの人畜共通感染症ウイルスが起源であると考えられている。アジアで食用肉として狩られたジャコウネコが媒介した。そして今、COVID-19は、野生動物の肉を起源とするウイルスに非常に似通っている。

1918年のインフルエンザパンデミックの頃、世界の人口はわずか18億人だった。今日、人類は78億人を数え、地球規模で生態系のバランスに悪影響を及ぼしている。現在、生物学者や生態学者が記録する絶滅動植物の数は膨大である。陸地や海にヒトが侵入したことが直接影響しているのだ。**我々の行動がもたらすもう1つの避けられない結果が、攻撃的なウイルスによるアウトブレイクなのだろう。**

COVID-19パンデミックは、「思い上がった人類が地球上の生命を支配することなどできないのだ」という警告に違いない。我々は、他の動植物がつくる酸素と大地や海からの栄養に依存している。そして健康に暮らせる「生物圏」をそこに住むさまざまな種類の生物と共有している。自然への侵入行為により引き起こされる気候変動や人口急増、その結果として生じる新興感染症と生態学的災害のような大きな問題がある。この問題を解決するには、個人、政府、そして国際的なレベルで、我々の思考と行動のすべてを変える必要がある。

第13章

気まぐれなウイルス

ジカ熱

2016年にリオデジャネイロでオリンピックが開催された。当時、参加予定の選手たちは、思わぬ脅威に直面していた。この年の初め、WHOはジカウイルスに対して、国際的に懸念される公衆衛生上の緊急事態を宣言していた。このウイルスに感染した母親から生まれた赤ん坊に重度の発達障害が生じたのである。多くの人がそうであったように、選手たちもジカウイルスのことを聞いたことがなかったようだ。しかし、このウイルスが世界中で新聞の見出しをかざるようになり、状況はかわりつつあった

この奇妙な名前のウイルスはどういうものなのか？　どこから来たのか？　それがなぜ、突然メディアを騒がせたのか？

実は、**ジカウイルス**は、ウガンダのジカの森で定期的に探索を行っているウイルス学者によって、1948年にはすでに発見されていた。収集したヤブカ属の蚊のすりつぶされた体の中に未知の存在として現れたのだ。地元の人間から採取した血清で、ウイルスに対する抗体検査を行ったところ、ジカはこれまでにないヒトの感染症であることが判明した。新しい感染性の**アルボウイルス**（節足動物媒介ウイルス）を発見したのだ。

アルボウイルスはウイルス科の名称ではなく、他の多くの科のウイルスが含まれる総称であ

る。刺咬《しこう》昆虫によって伝播されるという共通点がある。また、臨床症状の多くが共通している。ジカウイルスは、エピデミックを引き起こすフラビウイルス科のウイルスとして新たに登録された。黄熱病、西ナイルウイルス、デング熱などの悪名高いウイルスもフラビウイルス科に属する。

さらに研究が進められ、このウイルスが多くのヤブカ属の蚊から分離されたが、主な媒介生物はメスの「ネッタイシマカ」であることがわかった。メスは昼間に活動し、卵を産むために新鮮な血をたらふく吸わなければならない。重症化する他の**フラビウイルス**に比べて、ジカ熱は比較的軽症ですむように見えた。ウガンダで研究を始めた頃、ヒトは森林のサルや類人猿を宿主とするウイルスの意図しない被害者に思えた。感染しても、症状は、微熱、目の痛み、関節痛、頭痛、発疹にすぎなかった。

だが、さらなる驚異が差し迫っていた。疫学者が地域住民へのウイルスの広がり方を調査したところ、蚊に刺されることによってウイルスが人間社会に侵入し、性交渉や出産、輸血などを通じて、ヒトからヒトへと伝播する能力を進化させていたのだ。驚きはそれだけにとどまらなかった。

間もなく、このジカの森の風土病ウイルスは、アフリカからアジアへと広がり始め、赤道地帯に侵入した。しかし、2007年にミクロネシア連邦の小さな島ヤップ島でエピデミックが発生するまでの60年間は、ほとんど注目を集めることはなかったこのウイルスに、島の人口の約70％に及ぶ5000人ほどが感染した。この病気は命にかかわるようなことはなく、数カ月かけて住民のあいだに広まり、その後次第に消えていった。だが、ウイルスは実際には消えていなかったのだ。2013年にフランス領ポリネシアでジカ熱が再び発生し、推定3万人が感染した。感染者の大半は無症状で、臨床疾患のある患者でも比較的軽症であった。ここから7つの島国にも広がっていったが、感染者の数は少なく死者も出なかった。

しかし、ウイルスは再び変化した。感染者のごく少数ではあるが、初めて重篤な神経系の合併症を引き起こした。42例のギラン・バレー症候群（急性炎症性脱髄性多発根神経炎）である。エプスタイン・バーウイルスの合併症で見たのと同じ末梢神経の麻痺だ。患者は長期入院を余儀なくされ、呼吸筋の麻痺により12人は人工呼吸器が必要になった。患者の約43％では、麻痺によるさまざまな影響が長期間続き、障害を一生抱えることになった。ジカウイルスは、もはや軽症のウイルスとして扱えなくなった。その間、ウイルスは太平洋を東に向かって広がり、ニューカレドニア、イースター島、クック諸島、インドネシアに侵入した。2012年にはオーストラリアとニュージーランドで初の症例が確認された。

2015年には、ブラジルを含むアメリカ大陸でもジカウイルスによるエピデミックが発生していた。年が明けてすぐに、北米にウイルスが侵入した。2016年の初頭には、WHOがアメリカ領土のほとんどに拡大する可能性があると警告した。医学の専門家は、ウイルスがさらに変化したことに危機感を抱いた。神経系の合併症が増えていることに加えて、ジカウイルスは妊娠中の母親の胎盤を通過し、胎児の脳の発達に損傷を与えていたのだ。小頭症［小さな頭で生まれた赤ん坊］の痛ましい写真が新聞の一面に掲載されるようになった。

同じ年、アメリカでジカ熱の性交渉による伝播が報告された。これを受けて、CDCは流行国に渡航するアメリカ人に向けて渡航ガイダンスを発行した。ジカ熱の治療に有効な抗ウイルス薬はないと注意を促し、感染のリスクを減らすための実践的なアドバイスも記載した。妊婦に対しては、胎児への危険を具体的に警告し、旅行の延期を検討するよう勧めた。コロンビア、ドミニカ共和国、プエルトリコ、エクアドル、エルサルバドル、ジャマイカなどの発生国では、政府がウイルスとその危険性についてさらに多くの情報が得られるまで、妊娠の計画を延期するよう女性に呼びかけた。

フラビウイルスやアルボウイルスのことをよく知ると、医師がなぜこれほど警戒したのかがわかる。この科の中で最も危険なウイルスは、黄熱病ウイルスである。その名前の由来である「flavus」はラテン語で「黄色」を意味する。この「黄色」とは、ウイルスが肝臓に損傷を与えることによって生じる黄疸のことを指す。黄熱病は歴史上、最も悪名高い疫病の1つである。

アフリカの熱帯と亜熱帯の生態系で、マラリアや他の伝染性感染症とともに蔓延したことにより、ヨーロッパが植民地を拡大した時代、アフリカは「白人の墓場」として知られるようになった。その他のフラビウイルスには骨折熱とも呼ばれるデング熱がある。チクングニア熱［アフリカ、インド、東南アジアで見られるチクングニアウイルスによる感染症］もいわゆる「出血熱」の1つである。この3種のフラビウイルスは、ネッタイシマカによって媒介される。ウエストナイルウイルス、ダニ媒介性脳炎ウイルス、B型日本脳炎、マレーバレー脳炎、セントルイス脳炎なども昆虫によって媒介される。

ジカウイルスなどのアルボウイルスは、比較的小さくビリオンの直径は37nm～65nmである。正二十面体のカプシドが外側のリポタンパク質膜で覆われている。黄熱ウイルスは、医学史上初めて分離されたヒトのウイルスである。蚊が媒介生物であることがわかり、ワクチンが導入されるまで、黄熱病は人類を苦しめる最も死亡率の高い感染症だった。

歴史的には、アフリカからの奴隷貿易によって南米に広がり、現在では両大陸の風土病になっている。宿主はヒトを含めた霊長類のみだ。不運にも再感染した人が、特に重症化している。しかし、初感染であっても子どもや糖尿病患者のように免疫力が低下している患者では、生命にかかわることがある。残念ながら、ジカ熱がそうであるように現在の抗ウイルス薬では効果があまり期待できない。2013年に世界では、約13万7000人が黄熱病ウイルスに感染し、アフリカを中心に4万5000人が死亡した。ワクチン接種で防ぐことができたかもしれないと思うと残念なことである。

2016年12月、俳優のトニー・ガードナーが「タイム」誌記者のカヤ・バージェスに、「カリブ海でBBCの連続ドラマ『ミステリー in パラダイス』の撮影中にジカ熱に感染していた」と明かした。同じ年、265人のイギリス人旅行者がウイルスに感染したと推定されている。変わりやすいジカウイルスのふるまい、特に合併症の深刻さが増すにつれ、ウイルス学者や公衆衛生に携わる医師にとって、新たな問題が次々と現れてきた。その結果、ジカ熱が流行している一部地域への旅行者に対し、再び注意喚起が叫ばれるようになった。2016年、ブラジルに向かう選手たちが直面した状況だ。

選手たちはどうしたのだろうか？

彼らはメダル獲得の一度のチャンスであるオリンピックに向けて、何年も人生を捧げてきた。同時に、女性選手の多くは妊娠可能な年齢であったため、注意する必要があった。現地で妊娠した場合、小頭症の子どもが生まれるという困難に見舞われるかもしれない。テレビの画面には、脳の発達が悪いために頭蓋骨の上半分が縮んだ、可哀想な赤ん坊の映像があふれていた。

1月、ブラジル当局は、大会に先立って施設の点検を命じ、実地調査員を配置して蚊の繁殖地になり得るものを排除するなどリスクを軽減させた。大会中は掃除を毎日行い、選手や観客に悪影響を及ぼさないように、細かなところまで燻蒸消毒を続けることを計画した。一方、イギリスをはじめとする参加国の保健当局は「防蚊対策」などの渡航勧告を継続した。

今になって考えると、アフリカの熱帯雨林の狭い範囲でサルやチンパンジーの風土病として始まったウイルスが、1世紀の間に、人間の健康を脅かす世界的な脅威となったことは驚くべきことである。アメリカでは、2015年1月1日から2017年3月1日の間に5000例を超えるジカウイルスの感染が報告された。そのほとんどは国外のジカ熱流行地から戻ってきた旅行者であったが、テキサス州では6例、フロリダ州では215例が蚊を媒介とした地元での感染である。2016年8月までに、世界50カ国以上の国でジカウイルスが蔓延していた。

ジカウイルスによるパンデミックを食い止める戦いが始まった。WHOとCDCは、ウイルスに対するワクチンの開発を優先的に行う必要があるという見解で一致していた。2016年3月までに、多くの民間企業や医療機関がその実現に向けて懸命に努力した。巧妙な生物学的手法を取り入れたものもあった。

ボルバキア［昆虫に感染して生殖に影響するリケッチアの1属］と呼ばれる共生細菌の属がある。昆虫の多くに感染し、ライフサイクルに関与する異常な相互作用の原因となる。具体的には、ボルバキアは昆虫の生殖腺に選択的に感染する。精子を無視して卵子を選択するのだ。これにより、感染したメスは確実に細菌をメスの子孫に伝える。また、幼虫の発育中にオスの子孫を選択的に殺す。感染しても何とか成虫まで生き残ることができたオスは変態を阻害され、生殖能力のない「疑メス」になる。寄生バチのトリコグラマのような昆虫では、単為生殖［無受精卵からの発生］をするようになる。メスがオスなしでメスを産んで繁殖できるようにするのだ。評論家はふざけて、究極の女性解放の喩えだと言うかもしれない。

ボルバキアは通常、ネッタイシマカには感染しないため、ジカウイルスにはこの奇異な共生相互作用をたやすく当てはめることができなかった。他の昆虫では、ボルバキアに同時感染すると、中にいる昆虫媒介ウイルスの繁殖能力が低下する。そのため、ヒトの血を吸うことによってウイルスが伝播する可能性は低くなる。人類の脅威となるジカウイルスのような昆虫媒介ウイルスが生態系に現れるより以前に、ボルバキアを持つネッタイシマカの野外試験に取り組む研究者もいた。オーストラリアでは、モナシュ大学のスコット・オニール教授の研究グループが、ボルバキアが引き起こす病気を対象とした野外試験を10年前から行ってきた。

2016年3月、オーストラリアのグループは、ブラジルとコロンビアで、ジカウイルスの脅威を減らすことを目的としたボルバキア感染ネッタイシマカの臨床試験を行う許可をWHOから得た。

残念ながら、この生態学的アプローチの試験を実施する機会はないだろう。2016年の後半になって、ジカウイルスはまたしてもふるまいを変えたのだ。まったく突然に、アメリカでの新規症例数が減少した。同時に世界でも感染力が低下していった。その年の11月、WHOは、ジカウイルスは依然として「非常に重大で長期的な問題」であるが、もはや世界的な緊急事態ではないと宣言した。

2016年には、17万5335人の患者が報告されていたブラジルでは、2017年1月から

4月までの間に、新規症例数が95％減少した。ブラジル当局は国家非常事態の終結を宣言した。オリンピックに参加した選手の感染リスクについて見てみると、ブラジル滞在中にジカウイルスに感染した者はいなかった。代わって、約7％の人が他の昆虫を媒介とするウイルスに感染していた。西ナイルウイルスとチクングニアウイルスの27例とデング熱の2例である。

なぜ、ジカウイルスによるエピデミックは収まったのか？

実際、この変化はおそらくウイルス単独の変化ではなく、ウイルスと宿主の相互作用が変化したことによってもたらされたのであろう。ウイルスは共生者であり、その進化はウイルスと宿主の相互作用の観点からでしか理解できないことを忘れてはならない。WHOのジカ熱アウトブレイクに関する緊急対策委員会委員長のデビッド・ハイマン教授によると、感染者数の減少は、おそらく多くの人がすでに感染していたため人々の間で「集団免疫（herd immunity）」が高まったことが原因ではないかということだ。

だが、初期に変化したウイルスのふるまいを思い出す必要がある。ジカウイルスの典型的な特徴を1つ挙げるとすれば、それは気まぐれで予測不可能なウイルスだということだ。ハイマン教授が、ジカウイルスが実際にはいなくなったわけではないと警告したことは、時宜を得ていた。感染力の低下とは対照的に、その地理的範囲は大幅に拡大し、新たな伝播様式を見つけようと驚異的な能力を見せていた。

ウイルスを監視し続け、警戒を怠らないことが賢明である。

第14章

肝臓を壊すウイルス

肝炎

ウイルス性肝炎は、現代の人類にとって深刻な感染症である。少数の異なるウイルスが引き起こす世界的な病気だ。原因ウイルスの歴史的な同定は、20世紀後半のすばらしい医学研究であり、疫学研究と公衆衛生の分野に革命をもたらした。これにより遺伝子工学を初めて応用したワクチンの新しい製造法が導入された。

標的臓器である肝臓を見つけたウイルスは、どのようにふるまうのか？　肝臓は、体内の主要な生物工場である。食物の消化、血液凝固因子などのタンパク質の製造、血流に入った毒物の解毒と除去などに幅広く関与している。また、これまでに述べた多くのウイルス熱の血液媒介段階での反撃にも深くかかわっている。大量のウイルスが増殖する場所になるのだが、幸いなことに、このウイルスが重大な傷害を引き起こすことはない。ウイルスが肝臓の細網内皮系に存在するクッパー細胞を標的にしているからだ。クッパー細胞は、免疫反応によって異物などを貪食《どんしょく》する細胞である。**肝炎（hepatitis）ウイルス**は、肝臓の腺細胞である肝細胞を選択的に標的とする。

この重要な知見を理解するには、肝臓が体内で最も大きな腺器官としてどのように機能するかを理解する必要がある。

肝臓は独特の微細構造によって機能している。肝細胞が集まって肝小葉という集合体を作り、肝小葉が集まって肝臓を構成する。肝臓はさまざまな機能を果たしているため、心臓や肺と同様に、生命維持に欠かせない重要な臓器である。肝硬変はよく知られている病気だ。肝細胞が繰り返し損傷されて炎症が慢性化すると、肝小葉構造が破壊され肝硬変へと進展する。肝硬変の原因の1つとして、長期にわたる過度の飲酒が挙げられる。肝小葉が壊され、広範囲が線維化することにより小葉構造が破壊される。そうなると、さまざまな肝機能の低下が避けられない。同様のことが、ウイルスの持続感染によっても起こる。

肝細胞に感染するウイルスとして、すでに見てきたヘルペスウイルス、サイトメガロウイルス、エプスタイン・バーウイルス、黄熱病ウイルスなどがある。肝細胞を標的とする主な肝炎ウイルスにはA～E型の5種類があり、現在、世界で蔓延している。5種のウイルスに類縁関係はなく、引き起こす病気の症状は異なる。このため、医療当局はそれぞれのウイルスに合った方法で取り組むことが不可欠である。分類学的特異性、構造解剖学、伝播様式などの知識を活用して、具体的な予防と治療を行うことが最も重要である。

A型肝炎ウイルス（**HAV**）は、ポリオウイルスと同じピコルナウイルス科のウイルスである。RNAゲノムを持つあのとても小さなウイルスだ。電子顕微鏡で観察すると、HAVウイルスの見た目はポリオウイルスと似ていて、どちらのウイルスも便―経口経路で伝播する。

ＨＡＶはウイルスの中でも非常に小さく、ビリオンの直径は27nmである。ピコルナウイルス科のエンテロウイルス属に属し、血清型はエンテロウイルス72だ。他のエンテロウイルスとは異なり、ＨＡＶを細胞培養や実験動物で増殖させることが非常に難しく、初期の研究は困難を極めた。

ＨＡＶは、通常、「感染性肝炎」である「Ａ型肝炎」を引き起こす。便―経口経路によって非常に伝播しやすく、子どもが感染することが多い。潜伏期間は２〜６週間である。ＨＡＶは胃酸による消化に抵抗性がある。腸でウイルスが複製されるが、胃腸炎を引き起こさない。ポリオウイルスで似たような状況を見てきた。ＨＡＶは腸内で複製され、血流に入る。その後、肝細胞に到達し、肝炎の症状が現れる。その場合でも、病気に気づかずに軽症ですんでいることがある。臨床的には、倦怠感、腹部不快感、発熱から始まり、数日以内に黄疸が見られる。重篤な合併症を起こすことはほとんどなく、幸いにも死亡することはまれである。科学的な専門用語でいうところの、「病原性（virulence）」は低いといわれている。

ＨＡＶは感染者の糞便中に排泄され、水や湿った環境で長期間生存する。そのため、下水処理が不十分で衛生状態が悪い国で、この病気が蔓延している。世界の新規感染者数は、年間数百万人にのぼる。Ａ型肝炎の予防を目的とした管理対策には、質のよい衛生状態の維持と、専門家が必要と考える場合には、ヒト免疫グロブリンを用いた受動免疫［特定の病原体や毒素のヒト抗体を直接投与する方法］やＡ型肝炎ワクチンによる予防が必要である。Ａ型肝炎ウイルスのやや温和なふるまいはB型肝炎とは対照的である。

一方、**B型肝炎ウイルス（HBV）**は、ヘパドナウイルス科に属する。HAVと同様に実験室で増殖させることが非常に難しいため、原因ウイルスの発見が遅れた。HBV発見の最初の手がかりは、遺伝学者のバルーク・サミュエル・ブランバーグによる偶然の観察から得られた。輸血を何度も受けていた血友病患者の血液中に謎の抗体を見つけたのだ。

ブランバーグはその後、謎の抗体がオーストラリアのアボリジニの血液中の抗原と一致することを発見した。その抗原はB型肝炎ウイルスの一部であることが判明した。これにより、B型肝炎が生命を脅かすエピデミックとして認識され、さらにHBVワクチンの開発につながった。1976年に、ブランバーグはウイルス学者のD・カールトン・ガイジュセクとともにノーベル医学生理学賞を受賞した。ニューギニアの一部族にある「クールー病」が、石器時代から続く同部族内の食人習慣を感染ルートとしていることを発見したのは、ガイジュセクである。クールー病の原因は、ウシの「狂牛病」やヒトの「クロイツフェルト・ヤコブ病」を引き起こす「プリオン」と同じ異常な感染性のタンパク質である。

ヘパドナウイルス（hepadnaviruses）［hepa（肝臓）＋dna＋ウイルス］という科名が示すように、HBVはDNAゲノムを持つ。ゲノムは正二十面体カプシドに包まれ、カプシドは糖タンパク質と膜からなるエンベロープに包まれている。HBVは便―経口経路では伝播しない点が、

HAVとはまったく異なり、血液や体液（女性の場合は子宮頸の分泌物、男性の場合は精子）を介して伝播する。

さらに、HBVがHAVと異なるのは、潜伏期間が初感染から2～5カ月と非常に長いことだ。血流に入ると、ウイルスはもっぱら肝細胞を標的とする。膨大な数のウイルスを複製し、大量のウイルスを血流に戻す。治療を受けていない人の血液は非常に感染力が強く、わずか1万分の1㎖の血液で、他人にウイルスを伝播させることができる。つまり、わずかなすり傷や粘膜の損傷でも、ウイルスの侵入を許してしまうのだ。特に男性同性愛者間での性交や薬物常用者による針や注射器の共有は、感染が広がりやすくなる。

肝臓には、大きな損失を被った後に自らを再生することができる並外れた回復力がある。同時に、肝小葉を完全な状態に保つ構造や機能には、特有の脆弱性《ぜいじゃくせい》がある。肝小葉の損傷は肝硬変を引き起こし、やがて生命を脅かす肝不全へと進展する。さらに、B型肝炎には肝細胞がんのリスクがある。

WHOによると、予防ワクチンがあるにもかかわらず、現在、推定2億5700万人がHBVに感染している。ワクチンは1982年から広く利用されており、ウイルス感染を95％防ぐことができる。2015年には、世界で88万7000人が亡くなった。その多くは肝硬変や肝臓がんなどの合併症によるものである。これは世界中のさまざまな国で人々の大きなリスクとなっている。なかでも、東南アジアの西太平洋地域とアフリカでは感染率がかなり高く、成人人口の6％が感染していると推定される。世界では、HBV感染とHIV感染との間に関連性が認められており、HIV感染者の約7・4％がHBVにも感染している。

HIVとは異なり、HBV感染症には特効薬がない。だが、経口抗ウイルス薬によって慢性的な症状を減少させ、肝硬変の進行を遅らせたり、肝細胞がんの発生率を低下させたりすることができる。

1970年代には、HAVとHBVの血清反応が陰性の患者から、肝炎の第三の原因ウイルスが発見された。当初は、非A型非B型と呼ばれていた肝炎である。現在では、別のウイルス、すなわち**C型肝炎ウイルス（HCV）**が原因であることがわかっている。実は、HCVもジカウイルスと同じ**フラビウイルス科のウイルス**である。汚染された血液によって伝播され、ジカウイルスと同じように、感染した母親の胎盤を通過して子宮内で発育中の胎児にも感染する。不思議なことに、HCVが性感染するリスクは非常に低く、胎盤感染以外の経路で母子感染することもない。他のフラビウイルスと同様に、RNAゲノムを持ち、55nm～65nmの比較的小さなウイルスである。

HAVやHBVのように、HCVも感染力が高く、世界中に感染が広がっている。一部の専門家は、HBVよりも肝硬変や肝細胞がんのリスクが高いと考えている。2017年には、アメリカだけで過去5年間のHCV新規感染者数が3倍に増加したことがわかり、国内で最も感染者の多い血液媒介感染症となった。

現在、イギリス在住の約20万人が感染している。何十年も症状が現れないことが多いが、やがて肝硬変に進展する。C型肝炎の患者がA型肝炎またはB型肝炎を併発した場合、肝炎が悪化する。このため、HCV患者でHAVやHBVに対する免疫がない場合には、免疫をつけるように勧められる。

朗報は、インターフェロンと抗ウイルス薬を併用することで、血中HCV濃度を検出不可能なレベルまで低下させることができることだ。事実、イギリスの保健当局はこの種の治療がすでにHCV関連の死亡者数を減少させつつあると考えている。

D型肝炎を引き起こす**D型肝炎ウイルス**（**HDV**）は、**デルタウイルス**属の微小なウイルスである。デルタウイルスは小さすぎて不完全なため、単独でヒトに感染することができない。HBVが存在する場合のみ、増殖することができる。HBVは「ヘルパーウイルス」［他のウイルスの増殖に必要なウイルス］として機能する。HAVに似た病気を引き起こす**E型肝炎ウイルス**（**HEV**）は、発展途上国で多く見られる。HEVはヒトだけではなく、食肉用に飼育されている動物などさまざまな動物に感染する。生じる病気は軽度で、自然治癒することがほとんどであるが、妊婦では肝不全に至る肝炎のリスクがある。

HEVには4種の株があり、1型株と2型株はアジアとアフリカに限定され、4型株は中国に限定される。3型株は世界中に分布している。最近、イギリスの一部の新聞が、ヨーロッパから輸入された肉からこのウイルス株が見つかり、2017年にはイギリスで何万人もの患者が感染したと警告した。この統計は、本書を書いている時点では、UK.govやBritish Liver Trustのウェブサイトで公式に確認されていない。しかしながら、HEVの出現率は、年々緩やかに上昇しているようだ。

これらの肝炎ウイルスはすべて、いわゆる「新興感染症（エマージング感染症）」の例である。エマージングウイルス感染症は、歓迎されないものである。そして恐ろしい。地球上のあらゆる生物を脅かしている。残念なことに、ヒトも例外ではない。我々を苦しめるウイルスの中には、ゲノムに侵入して複製を行う特に危険なウイルスもある。

第15章

ありのままの肖像画
(warts and all)

パピローマウイルスによる子宮頸がん

オリバー・クロムウェル［イギリスのピューリタン革命の指導者］が画家のピーター・レリー卿に肖像画を描かせたとき、次のように指示した。「レリー、持てる技術をすべて使って、私の真の姿を描くのだ。お世辞はなしだ。顔の吹き出物やいぼ（warts）も何でも見たとおりに描け。そうでなければ、一銭も払わない」。医学の世界でも、このようないぼが注目されるようになっていた。

サクソン語の「warta」に由来する「疣贅《ゆうぜい》、いぼ（wart）」は、醜さを表す擬音語としてぴったりだ。滑らかな皮膚に小さなカリフラワー状の疣贅（いぼ）が現れて、手や足裏が見苦しくなる様《さま》はよく知られている。性器に感染する者もいる。悲しいことに、我々人間は弱く、欲求と願望によって突き動かされる。

性器いぼは、通常、多発性で感染力が強い。女性では子宮頸部、外陰部、膣、男性では陰茎と肛門周囲に生じる。頻度は少ないが、もっと悩ましいのが、オーラルセックスによって、男女ともいぼが口や喉にできてしまうことだ。明らかに目に見えるので、いぼは古代から患者にも医師にもよく知られていた。「疣贅、いぼ（verruca）」は、1636年にドイツ人医師ダニエル・ゼンナートが造語したもので、ラテン語で周囲の平坦な皮膚から生じる「小さな丘」を意味する。

性器いぼ、臨床用語で「尖形《せんけい》コンジローマ」は、古代ギリシャ語の「condylomata」に由来する。「指関節(knuckle)」や「つまみ(knob)」、増殖する様子を強調した「accuminata」を表している。この性病は、ヒポクラテスも知っていたであろう。

よく見られるいぼの「尋常性疣贅《じんじょうせいゆうぜい》(Verruca vulgaris)」は、感染者の皮膚との接触や、汚染された衣服などを介して感染する。1907年、イタリア人医師のジュゼッペ・シウフォによって、伝染性を裏づけるエビデンスが得られた。パスツール―シャンベラン濾過器を通した抽出液で、いぼが伝播することを示したのだ。その後、原因ウイルスは**パピローマウイルス**であることが判明した。残念なことに、ウイルスを増殖させる適切な培養法がなかなか見つからず、この病気の研究は60年ほど遅れた。病気による苦しみや若すぎる死など払った犠牲は、相当なものだったに違いない。

性器に感染する病気について、多少神経質になることは避けられない。だが、医師は性行為に関する社会的な偏見や道徳観を捨て、臨床上、冷静にそして客観的に見なければならない。子宮がん、特に子宮頸がんは最もありふれたがんで、女性を苦しめている。子宮がんはヒポクラテスにもおなじみであったが、ごく最近まで診断が遅れる傾向にあり、悲惨ともいえるほど死亡率が高かった。

理解が進んだのは、19世紀半ばにパドヴァ[イタリア北東部、ヴェニス西方の都市]で働く外科医リゴーニ・スターンの偶然の観察による。修道女の乳がんによる死亡率は既婚女性と同程度であるが、子宮頸がんによる死亡率ははるかに低かったのだ。修道女は性行為の経験がないことが多く、子宮頸がんと性行為には有意な関連があることが示唆された。疫学者によって子宮頸がんが売春婦に多いことが確認され、この懸念は高まった。また、夫が売春婦など多くのセックスパートナーを持つ女性でも同様であった。

これらの観察結果から、子宮がんは接触伝播によって引き起こされるのではないかと疑われるようになった。

通常の診察では子宮と子宮頸部は隠れて見えないが、婦人科医によって、膣円蓋《ちつえんがい》の表面検査を行う方法が開発された。1925年には、コルポスコープという膣拡大鏡が発明され、子宮頸部の精密検査が可能になった。生検は、子宮頸部の表面の皮膚から採取する。また、開口部から鉗子を挿入して子宮内膜からも採取できるようになった。その後、婦人科では数十年かけて工夫を凝らし「Ｐａｐスメア」技術が開発された。これにより子宮頸部細胞診が進歩した。

進取の気性に富んだ婦人科医は、当時のオーストラリアでの流行を見逃さず、将来、性に関する問題が起こらないかどうか結婚前の花嫁に検診を行った。また、許可を得て無症状の若い女性に子宮頸部細胞診を実施した。性行為をしたことがある少女と未経験の少女の同年齢コホート［同じ属性を持つグループのこと］の頸部スメアを比較した結果、性体験が前がん性変化に起因する子宮頸部細胞診の異常と関連していることが確認された。

さらに、1960年代から1970年代にかけて行われた疫学研究では、女性の子宮頸がん、外陰部がん、膣がん、男性の陰茎がんも性行為と関連していることが示唆された。最近では、男女とも肛門がんと口や喉のがんでさえ性行為と関連していることがわかった。これらすべてが、伝染性病原体の存在を示していた。さらに、伝染性病原体がウイルスであるという意見が一致しつつあった。

しかし、原因ウイルスについては意見が対立し、大多数の意見として、ヘルペスウイルスが原因であると判断された。第9章で見てきたヘルペスウイルスは、ヒトに性器感染症などのさまざまな病気を引き起こす非常に種類の多いウイルスである。なかでも、最もがんに関係するウイルスは、エプスタイン・バーウイルスである。ヘルペスウイルスに注目することは極めて論理的に思えた。

だが、すべてのウイルス学者が納得していたわけではない。1976年、エルランゲン・ニュルンベルク大学で研究していたドイツ人ウイルス学者ハラルド・ツアハウゼンは、「Cancer Research」誌に掲載した記事で、多数派の見解に反論した。ツアハウゼンは、尖形コンジローマを引き起こす感染性ウイルスが、子宮頸がんの原因である可能性が高いと提唱した。ツアハウゼンは、「子宮頸がんや陰茎がんだけでなく、外陰がんや肛門周囲のがんに関する疫学研究や血清学的試験で、コンジローマ薬による治療がまったく検討されていない。性器いぼの局在性、性行為による伝播、悪性へ移行する症例、はっきりとした特徴を持つ発がん性DNAウイルスに対する治療薬があることを考えると、これはおかしなことである」と指摘している。

発がん性とは腫瘍を誘発することをいう。ツアハウゼンが言及した「はっきりとした特徴を持つ発がん性DNAウイルス」とは、他でもなくパピローマウイルスのことである。尋常性疣《じんじょうせいゆう》贅《ぜい》（いぼ）の原因である。残念ながら、ツアハウゼンの見解が追認されるまでには、30年ほどの歳月が必要となる。2008年、HIV-1がAIDSの原因であることを発見したフランソワーズ・バレシヌシとリュック・モンタニエとともに、ツアハウゼンはノーベル医学生理学賞を受賞した。彼の先駆的な業績は後になって報いられたのだ。

では、パピローマウイルスとはどんなウイルスか？　尋常性疣贅（いぼ）の原因が命を脅かすがん化の脅威にどのようにしてつながるのか？

ツアハウゼンが示したように、パピローマウイルスはDNAゲノムを持つ。DNAウイルスとしては小さく、ビリオンの直径は55nmである。小さなウイルスの多くがそうであるように、表面にエンベロープを持たず、ゲノムはおなじみの正二十面体カプシドにのみ包まれている。ウイルスがヒト標的細胞に付着する際、カプシドタンパク質が最初に接触するため、この表面構造は重要である。ウイルスに対する免疫反応の戦いで、ウイルスを「異物」として認識中にカプシドタンパク質が姿を現すようだ。

電子顕微鏡で見ると、パピローマウイルスは球状で、小さなゴルフボールのように見える。パポーバウイルス科に属するウイルスである。パポーバウイルス科に属すのは、ポリオーマウイルス属のみである［現在ではパピローマウイルス科とポリオーマウイルス科に再分類されている］。ウイルス名にある「oma」が、医学用語の「がん腫（carcinoma）」の「oma」と同じであることは偶然ではない。がんの原因であることを警告しているのだ。

これまで、ウイルスの多くがいかに宿主を選り好みするかを見てきた。その特異性は、宿主の標的細胞を正確に標的化していることにある。この標的化には、ウイルスのカプシドやエンベロープと、宿主の標的細胞にある特異的な化学受容体との相互作用が関与していることが多い。ヒトにのみ感染するヒトパピローマウイルス（HPV）の標的細胞は、皮膚の重層扁平上皮［重層上皮のうち、表面の近くにある細胞が平たくなっているもの］細胞である。実際、ウイルスはさらに特異性が高く、活発に「分化（differentiating）」している皮膚細胞、すなわち有糸分裂［細胞分裂の際に、核の中に染色体・紡錘体などの糸状構造が形成されて行われる］で複製の過程にある重層扁平上皮でしか複製することができない。

この特異性により、ウイルスを増殖させる適切な培地がなかなか見つからなかった。活発に分化している重層扁平上皮細胞は通常の細胞培養では増殖しないからである。さらにこの特異性は、いぼウイルスがどのようにしてがんを引き起こすのかを理解する上で非常に重要である。有糸分裂は非常に複雑な過程である。ヒトの体細胞には46本の染色体があり、ヒトゲノム全体が複製されるのだ。生物学の授業を思い出す読者もいるだろう。パピローマウイルスが自分自身を複製するためにこの過程に侵入するという戦略は、その意味合いからして実に信じがたい。

ヒトパピローマウイルス属には、種に相当する170株のウイルスがあり、そのうち、40種類ほどの株が性行為によって感染するとされている。これらのウイルス株は、外陰部の皮膚細胞、ときには男女とも口腔内にも感染する。現在、10数種のウイルス株が、性行為が関係するがんの原因となっている。子宮頸がん、子宮がん、外陰部がん、膣がん、陰茎がん、肛門周囲の皮膚と咽喉のがんなどである。これらの部位はすべて重層扁平上皮で覆われている。2002年には、パピローマウイルスとこれらのがんとの因果関係が認められた。この年、医学疫学者の推定によると、1年間で世界の新たながん症例は56万1200例となった。これらは前述のがん種と一致しており、HPVが原因であるとされた。

現在もHPVがどのようにがんを引き起こすかについて、研究が進められている。パピローマウイルスに感染しても、尋常性疣贅（いぼ）の症状がほとんど現れないのはなぜか？　子どもでは自然に消失することが多いが、性行為で感染すると持続するだけでなく致命的な病気を引き起こすことがある。

事実、子宮頸部のパピローマウイルス感染症のほとんどは、皮膚のいぼと同様に重大な病気を引き起こすことなく治癒する。この場合、体の防御機能がウイルスを抑えていると考えられる。特定の遺伝子型、すなわち「株」が同定された少数のウイルスが、子宮頸がんを引き起こす可能性が高い。男女とも持続性ウイルス感染に関連するその他の危険因子として、早い年齢での性交、複数のパートナー、喫煙、免疫機能の低下などが挙げられる。危険なウイルス株のほとんどは性行為で感染するが、時折、妊娠中に母親から赤ん坊へと伝播することがある。

10年ほど前のWHOの報告では、子宮頸がんは依然として年間約50万人の女性が患うと推定されている。そのうちの約80%が、医療資源の乏しく適切な時期に治療が受けられないような発展途上国で見られる。2018年の「The Lancet」誌に発表された論文によると、子宮頸がんの症例の99%以上がHPV感染に起因しており、約70%がHPV-16とHPV-18という2種類のウイルス株によるものであった。今日では、これらのウイルスがどのようにして増殖する皮膚細胞のDNAを乗っ取り、がんを引き起こすのかについて、理解が深まっている。

活発に分裂している細胞にとって、ゲノムの複製を阻害するウイルスの存在は、遺伝的に厄介な問題である。宿主細胞のDNA複製の際に生じる誤りが、世代を超えて生じるのだ。当然のことながら、DNA複製の誤り、すなわち「変異」は次の世代の皮膚細胞に必ず受け継がれる。何世代にもわたって、同じようにウイルスが乗っ取られていく過程が繰り返され、分裂している扁平上皮細胞の変異が徐々に蓄積されていく。今日では、あらゆる種類のがんが、変異が蓄積されることによって誘発されることがわかっている。ひとたびこのような変異の蓄積が起こると、我々が生まれながらにして持っているゲノムの防御機構や現代医学の治療戦略をもってしても、変異をもとに戻すことは不可能である。

しかし、ウイルスがどのようにしてがんを引き起こすのかを理解することで、がんに対処できるようになった。がんと診断された場合は、手術や細胞分裂抑制薬による治療の他、集中的な放射線療法などを行う。これらの治療法は、がんが早期に発見された場合に成功する可能性が高いが、うまく構成・管理されているスクリーニングプログラムに左右される。

さらに望ましいのは、第一にがんが生じるのを予防することだ。1つには、リスクを減少させることを目的とした教育が有効で、できるだけ早く若者たちに対応する必要がある。2005年には、世界中でHPVが原因となる子宮頸がんにより推定26万人が亡くなっている。死亡者の大半は、発展途上国に限定されていたが、2017年にはCDCの推定で、依然として約7900万人のアメリカ人がHPVに感染しており、毎年約1400万人が新たに感染している。また、当局によるとその年、4210人のアメリカ人女性が子宮頸がんで亡くなった。HPVによるすべてのがんを効果的に治療するためには、診断が重要であることが強調されている。一方で、高リスク株であるパピローマウイルス株への感染に対するワクチン接種も必要である。

ウイルスのカプシドタンパク質から製造したワクチンが、10年以上前から利用できるようになっている。2008年、イギリスでは12～13歳の女子を対象とした学校での予防接種を開始し、2012～2014年までに、人口の86％以上が予防接種を完了した。スコットランドで若い女性のHPV感染率を、2017年まで調査したところ、ワクチン接種キャンペーンの成功を受けて90％減少していることがわかった。スコットランド健康保護局が、将来的に子宮頸がんが大幅に減少すると予想するのは当然のことである。

イギリスの人口統計学的研究では、少数民族出身の少女ではワクチン接種率がかなり低く、アジア出身の少女で最も顕著であることが明らかになった。子宮頸部スクリーニングの受診者でも、同一の少数民族で格差が報告された。著者らは、イギリスでのHPVワクチン接種の導入は、人種によるHPV関連がんの発生率において既存の格差を広げる可能性が高いと結論した。

2014年、アメリカではFDA(米食品医薬品局)が予防として男性と女性両方を対象としたワクチン「ガーダシル」を承認し、年齢、免疫低下の程度、性的嗜好などの観点から、具体的なガイドラインを示している。ほとんど副反応が見られないにもかかわらず、ワクチン接種率は州によって異なっていた。現在までのところ、接種率は州全体で上昇しているようである。

アイルランド共和国などの一部の国では、接種が制限されワクチンの有効性が損なわれている。アイルランドはヨーロッパでも子宮頸がんの罹患率が高いといわれているにもかかわらず、2016~2017年の間に、対象となる若い女性の半数が子宮頸がんワクチンを拒否したのだ。これは、予防接種キャンペーンを再活性化させているアイルランドの保健当局にとって、懸念事項となっている。そのため、地元の医療機関は、アイルランド女性の将来の健康と命を守るために、改めて力を入れている。

第二に、HPVに関して同様に重要なのは、女性だけを対象としたワクチン接種では、集団全体の原因ウイルスの保有者を排除することはできないということである。また、同じく重要なのが男性のがんリスクである。我々は開けた時代に生きている。性行為で感染するウイルスは、あらゆる人間関係で大きなリスクとなる。アメリカですでに推奨されているように、教育に目を向け、若い世代のすべてに対して早期予防接種プログラムを実施することによりウイルス源を消失させることは、臨床的に意味がある。

第16章

リリパット（小人国）の巨人

ミミウイルス

これまでの章で、ヒトのさまざまな病気に関するウイルスの役割を見てきた。その際、人類とウイルスがこの地球を共有することによって生じる感染症についての貴重な洞察を得た。ウイルスは我々を驚愕させる。繰り返しストレスを与えてきことに対する言い訳をするつもりはない。若い医学生だった私は、倍率の非常に大きな顕微鏡の下で、研究していたバクテリオファージウイルスの奇妙な美しさに目を見張った。だが当時は、ウイルス界のリリパット［スウィフト作『ガリヴァー旅行記』第一部に登場する小人国］で、巨人が発見される日が来るとは夢にも思っていなかった。

1992年にアメーバの体内から**ミミウイルス**が発見され、経験豊富な微生物学者の間でさえ、衝撃と信じがたい気持ちが交錯した。ミミウイルスは、一般にレジオネラ症として知られている市中肺炎［通常生活で発症する肺炎］の原因を研究しているときに偶然発見された。発見者は、微生物学者であるフランスのマルセイユとイギリスのリーズの研究グループで、原因菌の新しい株を探していたときである。

イギリス北部の工業都市ブラッドフォードの冷却塔で微生物が採取されたときは、新種の細菌と考えられていた。微生物は細菌と同じくらい大きく、細菌を分類するために用いるグラム染色で染まったからだ。微生物は、発見された都市の名前から「ブラッドフォード球菌(Bradfordcoccus)」と名づけられた。だが、その微生物を詳しく調べてみると、細菌ではなくむしろウイルスであることが判明して驚かされた。ただし、とても奇妙なウイルスではある。第一に、ウイルスとしては実に巨大で、ウイルスカプシドの直径は400nmを超えていた。このリリパット(小人国)の巨人は、パスツール―シャンベラン濾過器を通過することはない。その後、遺伝学者は通常のウイルスよりもはるかに複雑なゲノムを持つことを発見した。小さな細菌のゲノムより大きいのだ。

この新たな発見により、細菌にそっくり(mimicked)なウイルスということでミミウイルスに改名された。一方、微生物学者の間では、相反する意見によるジレンマが生じた。これは類を見ない変異種なのだろうか? それとも、微生物学の心躍る新分野の前触れなのだろうか? 当然のことながら、世界中の水環境で他の微生物学者による巨大ウイルスの探索が始まった。

まもなく、ミミウイルスは続々として登場する巨大ウイルスの前触れであったことが裏づけられた。**メガウイルス・キレンシス**、**パンドラウイルス・サリヌス**、**カフェテリア・レンベルゲンシス**などの巨大ウイルスは、現在では「メガウイルス」に分類されている。カフェテリア・レンベルゲンシスは、メキシコ湾から採取した海水から分離され、ウイルスに感染したバクテリアを貪食《どんしょく》する海洋原生生物の名を取って命名された。

感染という用語を用いるのは、かなり雑だ。いずれの巨大ウイルスも、宿主を病気にしたり害を与えたりするという意味で寄生しているようには見えないからだ。カフェテリア・レンベルゲンシスウイルスは、ミミウイルスとは遠い関係にある。ゲノムにはるかに多くのタンパク質翻訳用の配列を持つ。原生生物とは単細胞の有核生物である。「植食性の原生生物」による捕食は、海洋生物と淡水生物の生態系における炭素循環に不可欠で、これらの海洋原生生物と巨大ウイルスとの共生相互作用の可能性が示唆されている。海洋微生物学者のカーティス・サトルはこんなふうに言っている。「ウイルスがこの環境で果たす役割については、ほとんど何もわかっていません。けれど、生態系にとって重要な海洋ウイルス群の代表であることは疑う余地がありません」。

通常、ウイルスは複製と生活環を宿主の遺伝機構に依存しているため、非常に単純なゲノムを持つ。だが、911ものタンパク質をコードする遺伝子と翻訳用遺伝子［タンパク質を合成するために必要な遺伝子で、通常のウイルスはこのタンパク質合成を、感染先の生物に依存している］を持つ巨大ウイルスは、ウイルスの起源とその後の進化について実存的な疑問を投げかけている。

フランス人微生物学者のジャン＝ミッシェル・クラベリーとシャンタル・アベルゲルは、メガウイルスの発見はウイルスの定義そのものに対する挑戦ではないかと思った。ウイルスが取り入れた形態の多様性とそもそもどのようにウイルスが進化してきたのか。別のフランスの微生物学者パトリック・フォルテールは、「巨大ウイルス：ウイルス概念の再検討における葛藤

(Giant Viruses: Conflicts in Revisiting the Virus Concept)」という論文の中で、これまでの常識を破るジレンマを強調している。

フォルテールは、50年ほど前から蔓延していたウイルスの起源について再検討し、さまざまな研究者が、新たに発見された巨大ウイルスの重要性を、ウイルスの起源に関する先入観に基づいて解釈していることを強調した。そのため、微生物学の広い世界、そして生物学の世界全体のコンセンサスを得ることができなかった。まさにリリパット（小人国）の巨人が発見されたことにより波紋が広がったのだ。

ドイツでは、女性のコンタクトレンズに生息していたアメーバから、**パンドラウイルス**という驚くべきウイルスが発見された。ウイルスの中にもう1つの異常な内在性ウイルスが報告されたのだ。パンドラウイルスに寄生する、はるかに小さなウイルスのヴィロファージ(virophage)だ。ヴィロファージは、ロシアが打ち上げた人類最初の人工衛星の名から「スプートニク」と名づけられた。

巨大ウイルスの研究は現在も続いている。現在では、さまざまな科からなるメガウイルス目《もく》と見なされている。メガウイルス目には、ブラジル先住民族の雷神にちなんで名づけられた**ツパンウイルス**のように、直径が1㎜を超えるものもある。オーストラリアのクロースタノイブルクにある浄水場の排水から見つかった**クロースニューウイルス**は、別の科である。このウイルスは独自にタンパク質合成も行うことができる。

２０１７年、ウイルス学者のグループは生態系に存在する巨大ウイルスをスクリーニングするバイオインフォマティクスショットガンシーケンス技術〔物理的に切断したゲノムDNA断片の配列を手当たり次第に解析する方法〕、「Giant Virus Finder」を開発した。さらに、南極の乾燥した谷に巨大なウイルスが数多く存在することが報告されると、生物学者は驚愕した。研究グループは、高温砂漠や寒冷砂漠の他、ツンドラや森林の土壌にも調査を拡大し、「巨大ウイルスは水生生物の生息地だけでなく、地球上のさまざまな土壌にも多く存在している」という結論を導き出した。

微生物学者の中には、長く受け入れられてきたウイルスと細胞生物の区別をメガウイルスがあいまいにしたと考える者もいた。なかには、「生命の第４のドメイン」に由来する、あるいは定義されると提案する者もいた。だが、ミミウイルス、ピソウイルス〔巨大核細胞質DNAウイルスの一種。２０１４年、3万年以上前のシベリアの永久凍土から発見された〕、パンドラウイルスの３つのグループについて詳細な遺伝学的研究を行ったところ、それぞれが小さなDNAウイルスの科に進化の起源を持つことが明らかになった。つまり、巨大ウイルスは宿主から多数の遺伝子と遺伝子配列を獲得し、ゲノムが大きくなったといえる。このことは、メガウイルスを細胞生物の第４のドメインとみなした人々を失望させたが、巨大ウイルスとその宿主との関係は、遺伝子に組み込まれた密接な共生であるという以前からの考えを裏づけるものであった。

今日、ウイルスの本質と基本的な役割について、生物学者による新しい発見が続いている。そのいくつかは次の章で考察する。ウイルスの性質についての時代遅れの偏見をなくし、現代の進化生物学の観点から極めて重要な問題を見直すときが来たのだ。まず、当たり前の基本的な疑問から始めよう。

ウイルスとは何か？

ウイルスは、以前は「生物の遺伝子に依存する寄生体」と定義されていた。しかし、ウイルスの研究を進めると、この定義は狭すぎて、ウイルスが実際に宿主と共有しているさまざまな相互関係に対応できないことがわかる。ウイルスを再評価するために、フランスの微生物学者フォティアとプラングィシュヴィリは、ウイルスが実際にまぎれもない生物であるという事実を認識するためには、細胞生物のように「リボソームをコードする」生物ではなく、「カプシドをコードする」生物と定義すべきであると提唱した。これは、最初の段階としては妥当であると思われた。

明らかになってきているのは、ウイルスについてと、生命の起源とその後の多様性においてウイルスの幅広い役割を真に理解するためには、進化の基本的なレベルでウイルスを調べる必要があるということだ。この考察を始めるにあたり、進化生物学の起源とその創始者であるチャールズ・ダーウィンを考える以外に最適な方法があるだろうか。

もちろん、ダーウィンはウイルスの存在などまったく考えていないし、現代の遺伝学やゲノム科学の知識を要求されることもなかった。生前、DNAやRNAはまだ知られていなかったからだ。ダーウィンが「自然選択による進化論」を提唱したとき、親から子へと伝えられる何らかの遺伝システムがある場合にのみ、それが機能することを知っていた。この時代、人々はこれを「血統（pedigree）」と呼んでいた。このことは、なおさら注目に値する。さらに先見の明があったのは、この遺伝もまた「変化させられるに違いない」と考えていたことだ。

自然は、競合する個体または集団の間でのみ、さまざまな遺伝的変異を「選択」することができる。今日では、遺伝とは「遺伝子（genes）」と呼ばれるDNA情報の継承であることがわかっている。動物や植物のような有性生殖を行う生物では、生殖細胞である卵子と精子の形成の過程で両親の遺伝子が混ざり合うため、さらに複雑になる。このように両親の遺伝子が組み合わさることを「相同組換え」と呼び、一卵性双生児以外の兄弟が互いに異なってくる理由となる。

ダーウィンの時代の博物学者は、相同組換えは液体の混合に似ていると考えていた。また、種の中での相同組換えによって生じる「変異（variation）」が、長い時間を経て新種の起源を生み出すのに十分であるとみなしていた。しかし、20世紀初頭には遺伝子と遺伝学の理解が深まり、生物学者は、単一種内の遺伝的変異でどれだけ相同組換えが起こっても、古い種から新しい種を生み出すには不十分であることに気がついた。新しい種が進化するには、単なる相同組換えよりも、遺伝子を変化させる強力な仕組みが必要であった。何十億年も前から存在している地球で、今日の世界に見られる豊かで多様な生物の進化を可能にする強力な仕組みである。

この遺伝学的な視点から進化による変化を調べてみると、進化は自然選択から始まるものではないことがよくわかる。まずは、個体内で遺伝子の変化を生じさせる必要がある。これにより、同じ種の他の個体よりも生存の点で有利になる。ダーウィンが気づいたように、この遺伝子の変化は確かに遺伝する。変化する遺伝性は、まず優位性を先に得た家族集団に広がる。さらに、生存のための優位性が維持されることにより、地域個体群に組み込まれ、その後、進化する種の遺伝子プール「ある集団内にあるすべての対立遺伝子」に組み込まれていく。

種の遺伝子プールが変化していく段階で、ダーウィンが想定していたとおりに自然選択が作用している。遺伝子やゲノムの変化が繰り返し「選択される」という過程である。個体から家族集団、種の遺伝子プールへと作用し、進化による変化を促進する。

現在、遺伝子をこのように変化させることができる、少なくとも4つの遺伝学的に実証可能な仕組みがわかっている。「**変異**（**mutation**）」、「**エピジェネティックな遺伝子システム**（**epigenetic inheritance systems**）」、「**シンビオジェネシス**（**symbiogenesis**）」と呼ばれる遺伝子レベルでの共生、有性交雑による遺伝子の変化、すなわち「**異種交配**（**hybridogenesis**）」

である。4つの英語の頭文字を取ると「MESH」となり、覚えやすい。

インフルエンザウイルスに関する変異はすでに見てきた。無性生殖の場合は子孫を形成する際、有性生殖では「減数分裂」の過程で生殖細胞が形成される際のDNA複製時に起こるエラーと定義されている。同様の変異は、体細胞の有糸分裂の際に非生殖細胞である体細胞でも起こることがある。体細胞の変異は生殖細胞に影響を与えないため、遺伝には関係しない。だが、パピローマウイルスの章で見たように、繰り返し起こる体細胞の変異が、がんの病態形成の原因となっている。

あまり知られていないが、エピジェネティックな遺伝子システムは、他に類を見ない重要な変異の源である。もう少し説明しよう。基本的に、エピジェネティクス［遺伝子配列を変化させることなく、その発現に変更を加えるメカニズム］は、遺伝子の発現を制御するゲノム内の異なる仕組みとして簡単に理解することができる。エピジェネティクスは、母胎内のヒト胚の発生で重要な役割を果たしている。また、1つの受精卵から体のあらゆる組織や器官への分化を決定し、生涯を通した正常な生理機能の維持にも重要な働きをする。エピジェネティクスによる制御機構の障害は、先天異常や遺伝性疾患の原因となる。シンビオジェネシスのメカニズムについては、次の章で詳しく述べるとして、MESHの「H」、「異種交配（hybridogenesis）」の話に移ることにする。

すでに、パンデミックインフルエンザウイルスの起源に関係する交配による進化の例を見てきたが、ウイルスの交配は、有性生殖を行う動植物の交配とはまったく異なる。有性生殖では、通常、近縁の生物種ではあるが異なる2つの種の有性交雑によって行われる。進化生物学に詳しくなければ、2つの種が密接に関係していると考えるかもしれない。おそらく50万年ほど前に単一の祖先から進化してきたのであれば、それらの間には遺伝的な違いはほとんどないだろうと。だが、これは間違いだ。この50万年ほどの進化の間に、突然変異など、さまざまな過程で多くの遺伝子に変化が生じている。交配によって異種ゲノムが融合し、子孫の遺伝的多様性は飛躍的に増大する。

過去の世代の遺伝学者は、動物、特に哺乳類では異種交配が起こる可能性は低いと考えていた。子孫細胞の染色体含量が2倍、すなわち多倍数体になると思われたからである。だが、両親が遺伝的にそれほど異なっていなければ、雑種の子は正常な染色体対を持つことがわかっている。これを「**正倍数性交配種**（homoploid hybridisation）」と呼ぶ。近年、遺伝学者は、現代のユーラシアのヒトゲノムからネアンデルタール人やデニソワ人のような近縁種との異種交配があったことを発見した。遺伝専門医にとって非常に興味深いのは、進化に必要な遺伝子変化が生じる過程が、遺伝性疾患と後天性疾患の遺伝的要素が生じる過程と同じであるということだ。

では、**MESHとウイルスとはどんな関係があるのだろうか？**

ウイルスは細胞生物と非常によく似た仕組みで進化する。実際には、細胞生物よりも桁違いに速く進化する。共生相互作用でのウイルスの性質として、ときに、ウイルスは宿主の重要なゲノム内で、遺伝子を変化させるMESHにより宿主の進化を変化させることがある。これが、実質的な共生的進化である。ウイルスの注目すべきこの側面にはすぐに戻るが、その前にウイルスの根本的な本質をさらに明らかにしておく必要がある。

第17章

ウイルスは生きている？

2002年、ニューヨーク州立大学ストーニーブルック校、分子遺伝学・微生物学部のエッカード・ウィンマー教授は、遺伝情報をもとに通販で購入した材料でポリオウイルスを合成した。この実験は注目と同時に批判もされたが、ウィンマーたちの目的は明白だ。「遺伝情報さえ手に入れれば、ウイルスは合成できる」という考え（哲学と言ってもいいかもしれない）が正しいことを証明しようとしたのである。ポリオウイルスの化学式も公表している。化学式は次のとおりだ。

C332,652H492,388N98,245O131,196P7,501S2,340

もちろん、ウイルスは原子の並びから容易に構築できる単純な化合物ではない。化学的であれヌクレオチドレベルであれ、実験には生物学的また進化上の意義がある。そうでなければ、意味のない文字や数字の羅列に意味を与えるようなものである。

ウィンマー教授は、ポリオウイルスが命を持たない単なる化学物質であると暗に主張しているようにも見えるが、実はまったくそうではない。ウイルスは生きているのか死んでいるのかと、彼に尋ねてみたところ、答えは「イエス」という謎めいたものだった。

彼の突拍子もないユーモアのセンスを理解するには、少し考える時間がいる。

２００９年に微生物学者のモレイラとロペス・ガルシアは、「ウイルスを生物とみなす」という考えに対して、さらに厳しい反論を展開した。公平性と明確さを保つために、モレイラらの主張を箇条書きにする。

「生命の系統樹［生物間の類縁関係を、木の枝のように示した図］からウイルスを除外する10の理由」

・ウイルスは生物の遺伝子に依存する寄生体であるため、細胞の形態である原核生物（真正細菌とアーキア）が進化するまで存在し得なかった。
・ウイルスは、宿主外では独立した細胞代謝ができない。
・ウイルスは自己複製しない。
・ウイルスはウイルス自身の機構では進化しない。宿主細胞から取り入れた機構によってのみ進化することができる。
・ウイルスは宿主から遺伝子を「盗み取る」ことによって新しい遺伝子を獲得する。
・ウイルスの中には、宿主ゲノムの単なる遺伝的断片として生じたものがある。
・以上のことから、ウイルスは生命の進化系統樹［系統発生（phylogeny）］を描くことはできない。
・ウイルスは細胞体ではない。生命は細胞の見地からしか定義できないので、生命体からは除外すべきである。

これらがよく考えられた主張であることを認めよう。まったく同意できない主張ではあるが、明確な事実を基礎とした科学原則に基づいて同意する義務はある。

さて、どこから始めようか？　まずは、箇条書きの中で、同意できる点から始めるべきであろう。ウイルスが細胞生命体ではないことには同意する。また、現在「生命の系統樹」からウイルスを除外することにも同意する。だが、これはモレイラらの主張に屈するのではなく、私が主張しているバランスの取れた見方なのだ。モレイラとロペス・ガルシアが言及している「生命の系統樹」は、もっぱら細胞に適合するように明確に定義されているため、必然的にウイルスは除外される。ウイルスは細胞の見地からは分類できないものの、生命に特有の性質を多く持っていると私は考える。

ウイルスは宿主の外では命を持たないように見えるかもしれないが、宿主細胞に入ると生命に特有の性質を数多く持つ。宿主の防御との戦いで生存のために奮闘し、戦いを生き抜いた後も自らを複製するために奮闘を続けている。ただ宿主細胞の生理機能と遺伝機構を利用してはいる。したがって、ウイルスが宿主の存在なしにライフサイクルを完了することができないことについては、モレイラとロペス・ガルシアに同意する。しかし、生物が自らを繁殖させるために宿主に依存しているという事実は、生命体から除外する理由にはならない。発疹チフスの原因菌である発疹チフスリケッチアのような一部の細菌は、宿主の細胞質内でのみ増殖し、生存を宿主に依存している。

「共生」と「依存」を考えてみよう。ハチドリと共生している花は、食料と受粉のために互いに依存し合っているのではないだろうか？　ミツバチは花から採れる蜜に依存しているのではないだろうか？　蜜を出す花は、受粉のためにミツバチに頼らないのだろうか？　ヒトは、光合成生物である植物に呼吸に必要な酸素を依存しているのではないだろうか？　さらには、他の生物がつくる必須アミノ酸、必須ビタミン、必須脂肪酸、その他の栄養素を依存しているのではないだろうか？　それらはすべて、我々が日々生きることを可能にしてくれているものだ。

自然界では、生命に不可欠なものを他の生物に依存することは珍しいことではない。地球上の生命体の圧倒的多数にとって普通のことだ。生存に必要なものを無生物から摂取することができる自家栄養菌の珍しい細菌を別にすれば、地球上のすべての生物種は、生存のために他の生物種に依存している。

寄生する細胞形態ができるまで、ウイルスが存在し得なかったという主張について、そのエビデンスを検証してみよう。本書の後半で、ＲＮＡウイルスは細胞生物が出現するずっと前から「**RNAワールド**」［地球上に原始生命が発生した頃、生物の基本的な活動がRNAだけによって行われていた時代］に存在していたという説について考えよう。ウイルスの進化は進化前の宿主細胞の遺伝的な分枝から始まったとする既存の説があった。細胞生物のゲノムにはコアとなるウイルス遺伝子のほとんどが存在しないため、これは最も可能性が低い。これは、ウイルスが進化のある段階で宿主の遺伝子をまったく獲得しなかったということではない。しかし、これでさえ、後で述べるように、生物すべての進化の特徴であり、ウイルスが生きていることを否定するものではない。

次の章では、ウイルスが宿主のゲノム進化や、生存と死のライフサイクルに極めて重要な役割を果たしてきたことを明らかにする。遺伝子の交換と相互作用は、常に双方向に起こってきた。ゲノムに関する知識が深まり、ゲノムが水平方向に移動することができることを考慮すると、モレイラとロペス・ガルシアが提唱する理論よりもはるかに複雑な状況であることがわかる。ウイルスが、遺伝的にまた生化学的に宿主に依存することは、遺伝子レベルの共生関係では普通のことである。生命の系統樹には、相互作用を含めて遺伝子レベルの膨大な数の共生がある。

ウイルス学者や疫学者なら誰でも認めるように、ウイルスにははっきりとしたライフサイクルがある。宿主の標的細胞内で「誕生する」のだ。特定の宿主の特定の細胞を標的としている。

これはウイルスの通常の生態とみなすべきである。我々が生きている生物に期待するふるまい、病理、進化による発展をはっきりと示してくれている。

ウイルスは、自身のゲノムにコードされた指令に従って複製を行うが、宿主細胞の遺伝機構や翻訳機構の一部を利用している。娘のビリオンは、宿主を捨てて生態系に移動し、新しい宿主を見つける戦略で生き延びるように進化した。命を持たない化学物質と考えられているのとは対照的に、ビリオンは種子に近い。宿主の移動とさまざまな行動パターンを利用して、広く遠くまで広がる。種子のように、標的細胞の「土」に入って初めて、十分に成長する能力を持つ。他の生命体と同じように、ウイルスも死滅する。殺ウイルス剤の作用で死滅する。また自然界では維持できない環境にさらされたり、さまざまな傷害を受けたりして自然に死滅する。

かつての単純すぎる「捕食者と被食者」の概念ではなく、ウイルスと細胞生物が進化と生活史の中で本質的に相互依存しているというエビデンスが増えてきている。今や我々は、進化の夜明け以来、ウイルスと生物界の3つのドメインが進化による相互作用の複雑な迷路で絡み合っていることに気づいている。過去20年間で、ウイルスに対する知識と理解が大きく変わり、ウイルスとは何か、どのように進化するのかという単純すぎる定義が不十分であることが明らかになった。ここで、ウイルスを「生物の遺伝子に依存する寄生体」と呼ぶ古い概念を取り上げてみよう。

生物学的な定義では、「寄生」とはどちらか一方の生物が、もう一方の生物に害をもたらしながら利益を得ることである。今日では、ウイルスが宿主との関係で果たす幅広い相互作用の役割を網羅するには、あまりにも限定的な定義であることがわかる。ウイルスと宿主との複雑な相互関係を、意味のある包括的な定義にするために「共生（symbiosis）」の概念を採用することにする。

ウイルスと宿主の「共生」関係には「寄生」も含まれる。ウイルスが宿主に害をもたらして利益を得る関係だ。また、ウイルスが宿主に不利益を与えずに共存する「片利共生」と、ウイルスと宿主の双方が利益を得る「相利共生」もある。したがって、ウイルスを「生物の遺伝子に依存する寄生体」とする古い定義を、より正確で包括的な「生物の遺伝子に依存する共生体」に変更するほうが現実的かもしれない。先に述べた細菌のリケッチアもまた、宿主の遺伝子に依存する共生体である。生命維持に必要な機能を宿主細胞に依存しているからといってウイルスを除外し、一方で同様の依存関係を示す細菌を受け入れることは論理的に矛盾している。

進化生物学者の初期の世代、いわゆる「新ダーウィン主義者」は、進化の原動力として利己的競争を力説した。利己的な競争は確かに強力な進化の原動力であるが、現在は進化を達成した唯一の道とはみなされていない。生存は血みどろの戦いだけではない。個々の生物レベルでの日々の生存競争から、自然界での水、酸素、二酸化炭素の大きな循環まで、無数の生物相互作用に依存している。土壌中の地味なバクテリアがいなくなったり、昆虫が絶滅したりすれば、はっきりいって、すべての生物は消滅するだろう。

では、自然界の複雑な渦の中で、ウイルスは実際にどのような役割を果たしているのだろうか？　そもそも、地球上の生命の起源や多様性に大きな役割を果たしていたのだろうか？　すべての生命が依存している生態系の循環で、ウイルスが極めて重要な役割を果たしていることは後の章で明らかにする。

ウイルスが細胞生物とはまったく異なる存在であることがわかるだろう。すでに見てきたように、多くのウイルスはDNAではなくRNAをゲノムに持つ。細胞生物では、RNAではなくDNAである。すべての細胞生物は、細胞膜に区切られて形成されている。細胞には遺伝子をタンパク質に翻訳するリボソーム装置がある。ウイルスは細胞ではない。ゲノムは対称性を持つ多面体あるいは円筒形になるようにカプシドに包まれている。リボソームは持たない。フランスのウイルス学者フォティアとプラングィシュヴィリが、「リボソームをコードする生物ではなくカプシドをコードする生物としてウイルスを分類することにより、ウイルスと細胞生物を区別する」と提唱したことを思い起こそう。ここで、モレイラとロペス・ガルシアによって提起されたもう1つの問題に話を移す。

ウイルスは宿主から遺伝子を盗み取って進化するのか？

モレイラとロペス・ガルシアが「生命の系統樹」からウイルスを除外したのが、メガウイルスが生命の新しいドメインであるという主張がきっかけだったようで残念である。ウイルスが原生生物の宿主から膨大な遺伝情報を獲得してゲノムが大きくなるというエビデンスには、私も同意する。だが、ウイルスを生物として認めるという私の主張は、メガウイルスには左右されない。ウイルス学の分野では、ウイルスが通常の機構によって進化するというエビデンスが数多くある。宿主のゲノムを奪う必要はないのだ。それどころか、メガウイルスを除けば、ゲノムを借り受ける方向はウイルスから宿主へと逆の方向であった。

では、生物学と進化に関する最新の見解を踏まえて、どのようにしてウイルスを再定義すればよいのだろうか？　私は次のような新しい定義を提案する。**「ウイルスは細胞生命体ではなく、カプシドをコードする遺伝子の共生体である」**。

この定義は次の事実と一致する。最新のデータベースにあるウイルスゲノムを精査すると、自然界に存在するウイルス遺伝子のうち、宿主ゲノムから遺伝子が移行したのはごくわずかであることが明らかになった。たとえば、ウイルスの複製に関与するタンパク質をコードする遺伝子は、RNAウイルスとDNAウイルスとで共通であるが、細胞生物には存在しない。二十面体DNAウイルスやRNAウイルスのカプシドタンパク質をコードする遺伝子についても同様である。かつて生物学者は、レトロウイルスやバクテリオファージのような大きなウイルスは原核生物の宿主から枝分かれして出現したと考えていたが、今日ではそうではないことを示すエビデンスがある。レトロウイルスとバクテリオファージは宿主ゲノムに由来するのではなく、他の生物と同様に、独自の進化系統を持っている。

ウイルスをただの化学物質と見なす人、あるいは、ウイルスと宿主との共生的な相互作用を考慮に入れずに切り離して見ている人は、ウイルスが、長く、とてつもなく複雑な進化の歴史を経て、今ここに存在しているというとても重要なことを見落としている。その点で我々人間と何ら変わらないのである。

ウイルスは宿主の外では命を持たない存在に見えるが、宿主の細胞内に入ると真の生物としての性質を持つように変化する。我々にとって、ウイルスを知ることは極めて重要なことだ。それは間違いない。医学、獣医学、農業にとってウイルスを知ることは重要である。しかし、それですべてというわけではない。ウイルスを知らなくてはいけない理由は他にもあるのだ。もっと深い理由が。

ウイルスが宿主ゲノムの中で複製するということは、恐ろしい病気の原因になるだけではなく、宿主のゲノム、ひいては進化の歴史をも変化させる可能性がある。最近の研究によって、ウイルスが生物の進化に重要な役割を果たしていることが徐々に明らかになってきた。地球の歴史が始まった頃から、多種多様な生命であふれる今日に至るまでその役割は続いているのだ。

この役割を解明するためには、自然界でのウイルスとの共生について、広い視野に立つ見解が必要である。まずは、恐ろしくも感じる昆虫の世界でウイルスを研究しよう。

第18章

恐ろしいウイルスと好ましいウイルス

寄生バチと根粒菌

黄緑色のイモムシ、タバコスズメガの幼虫の上にいる寄生バチ、アオムシサムライコマユバチは、幼虫の皮膚を貫くために外科医のような精密さで注射器のような産卵管を準備している。講演でこの光景を説明する際、レーザーポインターを使って、大きな獲物に対して小さく黒いハチをはっきりと示す。ハチが生きているイモムシの組織に卵を注入するといういささか恐ろしい寄生行為は、単純そうに見えるが、ことはそんな単純なものではない。

もし、ハチの卵だけが注入されたら、イモムシの免疫システムによって攻撃され生き延びることはできないだろう。ハチの幼虫が孵化する前に破壊されてしまうからだ。しかし、わずかだが免疫システムにとって致命的となる、共生体の**ポリドナウイルス**が卵とともに注入されている。イモムシの体内で、ウイルスは卵をイモムシの細胞免疫システムの攻撃から守っているのだ。また、蛾に変態するのを止めてイモムシのままにしておき、卵の抱卵室にしてしまう。さらに、イモムシの代謝を操作してハチの幼虫の餌をつくらせる。乗っ取ったイモムシの体の中で孵化した幼虫を育てるためだ。そして最後には空っぽになったイモムシの殻を捨て、次の世代のハチが現れる。

自然界には、コマユバチ科とヒメバチ科の寄生バチが存在し、ポリドナウイルスと攻撃的共生関係にある。ハチの種は数万種とも、数十万種ともいわれている。この寄生が一見残酷に見えることから、チャールズ・ダーウィンは植物学者のエイサ・グレイに宛てた手紙で次のように述べている。「慈悲深き全能の神が、生きたイモムシの体内を食べ進む意思を明確に持つように、ヒメバチを意図的に創造したとはとうてい思えない」。

この寄生バチの残忍なライフサイクルが、恐ろしいSF映画『エイリアン』のモデルであると思われる。今日では、数万種、場合によっては数十万種の寄生バチが、同じく膨大な数のポリドナウイルス種と共生関係を形成し、昆虫学の世界で最も成功した進化戦略をつくり上げた。

人間の感覚からすると残酷に見えるかもしれないが、生物学者の中には、そのふるまいが自然界のバランスとしては好ましいと考える者もいる。寄生バチが生物学的な害虫対策としての役割を果たしているからである。そうでなければ、茂みや樹木を大量に枯らせてしまう好ましくない昆虫が大量に発生することになる。

同様の寄生では、ハチは巧妙で狡猾に多種多様な獲物をターゲットとする。卵から幼虫、さなぎ、さらには完全に成長した成虫まで、あらゆる発達の段階でさまざまな攻撃をする。クモバチ科（旧ベッコウバチ科）のハチは、クモを餌として選んだ。専門家は、「クモは動きが速く危険で、多くはハチと同じくらいの大きさである。しかし、ハチは素早く動いて獲物を刺し、動かないようにして卵を埋め込む」と述べている。

コスタリカでは、円形網を張るクモ（アシナガグモ科）を餌にするハチがいる。このクモは恐るべき捕食者だが、このハチとウイルスの共生関係によって捕食者が減っている。ハチは獲物を刺して動かないようにし、白い幼虫をクモの腹部に固定するのだ。幼虫がかじって成長するとクモは小さくしぼんでいく。

昆虫とウイルスのこのように複雑で多様な共生関係は、いつ、どのように進化したのだろうか。

遺伝学者がポリドナウイルスのゲノムを調べたところ、すべての遺伝子ファミリー〔ゲノムの中に存在する、共通の祖先を持つ複数の遺伝子群の総称〕が、保存されていることがわかった。これは、今日の共生は極めて多様であるが、ただ1つの関係から始まったことを示している。遺伝学者は、最初にゲノムの融合が起こったであろう時期をおよそ7400万年前と推定した。共生による遺伝で生じた複雑さに対して懐疑的になりそうだが、これほど遠く離れた過去に起こったのだ。

だが、ヒトのミトコンドリアが20億年ほど前に起こったと推定される原生生物の祖先と酸素呼吸細菌との間の遺伝的共生に由来するという事実（ミトコンドリアは、細胞が酸素を使って呼吸できるようにする「細胞質内の電力パック」と呼ばれている）に比べれば、それほど驚くことではない。このたった1つの遺伝的共生によって、後に、動物、植物、真菌、原生生物と呼ばれる酸素呼吸単細胞有核生物など、今日の地球上のすべての酸素呼吸生物が誕生した。

アオムシサムライコマユバチに共生しているポリドナウイルスのゲノムは、２００４年に遺伝子解析が行われ、30個の二本鎖環状ＤＮＡの塊からなることがわかった。このように、ポリドナウイルスはウイルスの中でも独特で、その名、ポリドナウイルス（poly-dna-viruses）が示すように、ゲノムは複数の二本鎖環状ＤＮＡからなる分節構造となっている。では、ポリドナウイルスと寄生バチとの攻撃的共生について、実際には何がわかっているのだろうか？　たとえば、寄生バチが産卵管をイモムシの体に突き刺したときに、どのようにして、卵にウイルスが付着しているのだろうか？　ある種の寄生バチでは、ウイルスゲノムがハチ自身のゲノムに組み込まれているというのがその答えである。

ただし、すべてのポリドナウイルスがこの方法でゲノムに組み込まれているわけではない。ウイルスが単純にハチの卵巣組織に感染し、卵が卵巣から出てくると同時にウイルスが付着する種も存在する。しかし、非常に多くのハチがウイルスゲノムを核に組み込むことで、完全に異なる2つの遺伝的系統の恒久的な融合、いわゆる「ホロビオントゲノム」（64ページ参照）を形成している。

進化遺伝学者は、宿主ゲノムとウイルスゲノムのホロビオントが実際にどのように機能するのかを徹底的に研究してきた。その関係は驚くほど複雑に進んでいく。まず、「ビリオンを組み込むシステム」によってウイルスゲノムは腎杯の細胞核内に保存される。これはメスのハチの生殖管内にある。この点では、ウイルスの増殖機構は2種類のハチで多少異なっている。コマユバチ科では腎杯細胞が死滅して破裂することでビリオンが放出されるのに対し、ヒメバチ科ではビリオンが腎杯の細胞膜を突き破ることによって放出される。どんな複雑な遺伝子の仕組みであれ、結果的にはメスの生殖管内で、ウイルスが卵に付着することになる。このようにして、卵とともにポリドナウイルスも幼虫に注入されるのだ。

ウイルスと昆虫の相互作用の複雑さは、残酷なほど効果があると同時に驚異的である。だが、生命の本質は、まさに相互作用である。前章で明らかにしたように、この相互作用は重要な物質が何度も繰り返してリサイクルされる地球規模でも明らかだ。奇妙に見えるかもしれないが、死でさえこのような物質のリサイクルの中にある。かつて複雑な生体であったすべてが、その構成要素である化学物質に分解されるのだ。これらは陸や海の生態系で順にさまざまな生物の栄養となる。いわゆる食物連鎖である。

生態系の重要なリサイクルの例として、窒素がある。いうまでもなく、窒素は我々が呼吸する空気の約78％を占める気体である。アミノ酸、タンパク質、DNAの重要な構成要素だ。植物では、光合成に不可欠なクロロフィルの産生に必須である。だがこのためには、まず空気中の不活性窒素をより複雑な窒素化学分子に変換する必要がある。この変換は、土壌に存在する細菌の根粒菌に依存している。

根粒菌は鞭毛を使って動き回り、マメ科植物の根から放出される化学物質のフラボノイドに引きつけられる。最も細い根毛であるマメ科植物の根に入り込み、根粒《こんりゅう》（こぶ）を形成する。ここで根粒菌は大気から窒素ガスを取り込み、水素で固定してアンモニウムを生成する。さらに複雑な窒素化学物質を形成する第一段階である。窒素化学物質は植物に運ばれる。その見返りとして、植物は細胞呼吸に必要な酸素と光合成から得られる糖を根粒菌に供給する。これにより、根粒菌の基本的なエネルギー所要量が満たされる。このように根粒菌とマメ科植物の共生は、地球規模で重要な、窒素循環の一部として機能している。

しかし自然界では、土壌根粒菌株の多くは窒素循環に必要な固定化遺伝子と根粒形成遺伝子を持っていない。1986年、ニュージーランドの人里離れた畑で行われた園芸実験の際には、自然ではこうした状況をどのように克服しているのかについて説明が求められた。植物学者は、ユーラシア大陸から北アフリカにかけて生息するエンドウ科の顕花植物（花を咲かせる植物）、ミヤコグサの生育実験を行っていた。まず、土壌には土着の根粒菌が多く含まれていたが、根粒菌は植物の根に根粒を形成できないことが確認された。ところが、根粒菌であるメソリゾビウム・ロティで被覆したミヤコグサの種子を植えたところ、土壌の問題が解決したのだ。これは新たな疑問を投げかけた。この解決法はどのようにして生じるのだろうか？

さらに遺伝子実験を行ったところ、土着の非固定根粒菌が形質転換されたことを発見した。

メソリゾビウム・ロティから6つの遺伝子「共生アイランド」［根粒菌が持つゲノム構造で、共生に必要な多数遺伝子がのった領域］が導入されていたのだ。共生による解決法には、また別の発見があったのだ。共生アイランドに備わっている「インテグラーゼ遺伝子」［インテグラーゼは、レトロウイルスが感染した細胞内で生産する酵素。宿主内で逆転写により複製されたウイルスゲノムが宿主の染色体に組み込まれる反応を触媒し、宿主DNAの切断と再結合に関与する］が寄与することによってのみ、共生アイランドを固定株から非固定株へと受け渡すことができたのだ。根粒菌などの細菌はインテグラーゼ遺伝子を持たないが、バクテリオファージウイルスのP4バクテリオファージはインテグラーゼ遺伝子を持つ。ウイルスのインテグラーゼは、バクテリオファージと根粒菌の遺伝子レベルでの共生が重要な役割を果たしている決定的な証拠であった。この共生アイランドの進化には、もっと早い時期に隠れた役割があった違いない。

根粒菌の話には、さらにうれしい展開がある。2014年、サンフランシスコで開催された国際的な科学技術コンテストである「グーグルサイエンスフェア」で、アイルランドのティーンエイジャーの女子3人が優勝した。コーク州にあるキンセール・コミュニティ・スクールのソフィー・ヒーリー・タウ、エマー・ヒッキー、シアラ・ジャッジは、作物の生産量を増やすために「自然のバクテリア」を利用するプロジェクトで、15〜16歳部門の最優秀賞に選ばれた。

2011年の「アフリカの角」［アフリカ最東北端の尖っている地域。ソマリア・ジブチ・エチオピアから構成される」で起きた飢饉の話を聞いて、彼女らは第三世界の国々の食糧生産を向上させる方法を発見した。自然にある窒素を固定する根粒菌を使って、シアラの家と庭を仮設の実験室に改造し、そこで、何千種類もの植物の種子で実験を行った。窒素固定根粒菌を土壌に加えたときに何が起こるかを調べたのである。体系化された測定と観察を行い、土壌に根粒菌を加えるだけで、大麦やオート麦などの価値の高い作物の発芽を早め、生産量を最大50％増加させることを発見した。

賞金の5万ドルは、プロジェクトへの追加資金にあてられ、ナショナルジオグラフィック社と共同でガラパゴス諸島に研究成果を展示することなどにも使われた。そこには、イギリスの実業家リチャード・ブランソンの宇宙飛行士プロジェクトの一環として、未来の宇宙飛行への申し込みも含まれていた。

第19章

ウイルスと海洋生態系

1994年の9月、私はその日ニューヨークのロックフェラー大学に向かった。同大学の総長ジョシュア・レーダーバーグにインタビューをするためだ。彼は、DNA研究の先駆者であるエドワード・テータムおよびジョージ・ビードルとともに、1958年にノーベル医学生理学賞を受賞している。細菌遺伝学の理解を進めた功績によるものである。結論からいうと、レーダーバーグとテータムは、細菌には生殖行為があることを発見した。

それまで微生物学者は、細菌はもっぱら出芽によって遺伝情報を受け継ぐと考えていた。しかしそれでは、将来の世代の細菌はすべてもとの株の遺伝子クローンになってしまう。レーダーバーグとテータムが発見したのは、遺伝物質が「**接合**（**conjugation**）」と呼ばれる過程で、細菌から別の細菌へと受け継がれるというものであった。この過程は、供与菌と受容菌の間で直接の物理的な接触があるので、植物や動物の有性生殖に相当する。遺伝物質の中身が「パイラム」と呼ばれる架橋構造を介して受け渡されるのだ。

接合は、細菌が新しい遺伝情報を獲得する3種類の仕組みのうちの1つである。2つめが、「**形質転換**（**transformation**）」で、細菌の細胞壁から直接新しい遺伝情報を取り込む。これは、たとえばウイルス溶解によって細菌が破壊され、その遺伝物質が周囲の培地中に放出された場合にのみ起こり得る。もう1つは「**形質導入**（**transduction**）」で、ファージウイルスによって他の細菌へ新しい遺伝情報を導入する。バクテリオファージウイルスと被食微生物との密接な相互作用によって、現在、地球の生物圏で何が起こっているのかを理解できる新しい時代が訪れたのだ。

レーダーバーグ教授にインタビューした頃、私は疫病の原因となるエマージングウイルスについて研究をしていた。私自身も驚いたことに、私はウイルスが多くの医師が考えているような単純な遺伝子の寄生体ではないと考えるようになっていた。世界で最も知識のある専門家に質問をしたくて、ロックフェラーに来たのだ。ウイルスは単なる寄生体ではなく、宿主と相互作用関係にある真の共生体ではないだろうか？　インタビューは興味深いものとなった。レーダーバーグ教授が午後のほとんどを快く費やしてくれたのだ。彼は「少なくともファージウイルスとその宿主である細菌に関しては、ウイルスはときに共生者と同じようにふるまうことがあることを確認した」と、私の質問に答えてくれた。また、これが自然の他の部分に当てはまるかどうかはわからないと言った。それについては、私に調べるよう勧めた。私は彼の助言に従い、調査を行った。その結果、疑いをさしはさむ余地がなくなった。ウイルスの共生的なふるまいについてのエビデンスがウイルス学の多くの領域で確認されたのだ。

最も重要で驚くべき事実は、レーダーバーグやそれ以前の微生物学者が行った一連の研究から得られた。特にレーダーバーグと同僚の研究者が先駆者となったウイルス学と遺伝学を結びつけた研究からだ。今日では、ウイルスが「究極の共生体」であることを示す多くのエビデンスがある。ウイルスはその性質上、特定の宿主との間で、寄生、片利共生、相利共生などの幅広い共生関係にならざるを得ない。ときには、オーストラリアのウサギの粘液腫症で見たような、攻撃的な寄生から始まり、最終的には相利共生へと変化するような関係もある。1974年時点で、ジョシュア・レーダーバーグは、バクテリオファージウイルスが細菌宿主とそのような共生関係になるとすでに確信していた。

現在、鍵となる生態系の1つは海である。海では、ウイルスによる共生が極めて重要であると証明されている。海は地球の表面積の約77%を占めている。海洋生態系は立体的であるため、実際の生活空間へのかかわりはそれ以上である。海洋生態系で中心となる生物は、シャチでもマグロの群れでもサメでもなく、サンゴ礁に生息する無数のカラフルな生物でもない。中心となるのはもっと単純な生物で、ほとんどは先に述べた原核生物である。原生生物である非常に小さな単細胞真核生物や、細菌、アーキアなどである。これら膨大な数の微小生物が、海洋食物網の土台となっている。

この10年ほどの間にようやく、微生物学者はこれらの微小生物に「感染」するウイルスも生物圏の主要な構成要素であることに気づいた。専門家が「偉大なウイルスの復活」と呼んだこの新たな見解は、進化生物学、遺伝学、ゲノミクス、メタゲノミクス（第20章参照）、個体群動態の分野が拡大する中で明らかとなった。ウイルスは「生命の系統樹」に不可欠な相互作用要素であり、生態系の複雑な動態を理解する鍵であるという展望が開けてきた。

ウイルスが海洋の生態系に不可欠な理由を説明するには、ウイルスとその宿主である細菌がどのような共生関係にあるのかを詳しく見ていく必要がある。共生には、相互作用のタイプが2種類ある。**「溶原サイクル」**と**「溶菌サイクル」**だ。両者の相互作用は、基本的にウイルスの増殖に関係しているが、溶原は「穏やかな」と表現される一方、溶菌は「非常に攻撃的」である。

侵入したファージウイルスが細菌宿主との溶原サイクル、すなわち「潜伏」サイクルに入ると、ウイルスはゲノムを宿主のゲノムに組み込む。あるいは、細菌の細胞質内で円形の「レプリコン」［DNA複製の単位］の形でゲノムの外に存在する。ウイルスは穏やかにふるまい、単に「プロファージ」［細菌のゲノムに安定な状態で組み込まれたファージ］として存在し続ける。複製の溶菌サイクルを完了させず、安定した状態のままでいるのだ。ウイルスゲノムは細菌が増殖するたびに複製され、プロファージは娘細菌に引き継がれる。その複製は出芽によるものだ。ただし、ウイルスに溶菌能力がある間は、刺激によって攻撃的なふるまいに変化させることもできる。

一方、溶菌サイクルでは、ウイルスは別の遺伝物体として細菌細胞に生息するが、細菌の増殖とは無関係に細菌体内で増殖する。ウイルス自身の利己的な目的のために、細菌の遺伝子装置を乗っ取ってしまうのだ。このようにふるまうウイルスは「病原性ファージ」と呼ばれている。ウイルスは宿主細菌内に多数の娘ウイルスをつくり、ついには細菌細胞が死滅して破裂し、娘ウイルスが周囲の培地に放出される。そこでは、周囲の宿主細菌に感染する準備ができているのだ。このように、複製に続いて細菌細胞が破裂して娘ウイルスが放出されるという病原性の過程は、「溶菌」と呼ばれる。このサイクルが「溶菌サイクル」である。

状況がさらに複雑になることもある。たとえば、細菌は複製中に不要なファージを取り除くことができる。しかし、ファージウイルスはそのような細菌の逃亡手段に対抗する巧妙な戦略を進化させてきた。自然界でよく見られるP1ファージは、2つの抗毒遺伝子による「中毒モジュール（an addiction module）」と呼ばれる防御戦略を取り入れている。1つ目の遺伝子は、宿主細菌内で安定した毒素を発現し、細菌を死に至らしめる。一方、2つ目の遺伝子は、毒素の致死性に対抗できる作用時間の短い抗毒素を発現する。細菌が増殖中にファージウイルスを排出すれば、抗毒素の細菌を守る作用はすぐに失われ、娘細胞は毒素にさらされて死滅する。このため、巧みに操るこのウイルスを保持している細菌だけが生存し、増殖することができるのだ。

今日、海には細菌、アーキア、原生生物などの微小生物が生息しているだけでなく、それらを捕食するバクテリオファージウイルスも存在していることがわかっている。過去20年の間に、これらのファージウイルスが宿主である原核生物と密接な相互作用関係を築き、海洋生態系で重要な役割を果たしていることがわかってきた。2005年、海洋微生物学者のカーティス・サトルは、この新たな分野の論文で明言している。「**ウイルスは生命のあるところならどこにでも存在する。主な死亡原因にもなり、地球化学的循環の推進力でもある。そして、地球上で遺伝子の多様性を最も多く保有している**」。

表層の海水1リットルには、通常、100億から1000億個のウイルスが含まれている。だからといって、心配することはない。これらの圧倒的多数はバクテリオファージである。今日まで確認も研究もほとんどされていない。我々には縁もゆかりもないものだ。無数の細菌、アーキア、原生生物は、炭素、窒素、リンなどの重要な元素を有機化合物に固定し、生物圏で重要な役割を果たしている。ファージウイルスはこれらの微生物にのみ感染し、とてつもなく大きな溶菌サイクルで死滅させる。そして、蓄えた栄養素を再利用して、海洋の食物連鎖の基礎となっているのだ。この巨大なファージ溶菌サイクルが、海洋で自然のバランスを保つ鍵である。有害な微生物の増殖を防ぎ、炭素や栄養素を微生物の栄養網に再循環させる。

我々人間の感覚では、自然界の終わることのない生と死のサイクルは、過酷で疑問に思うかもしれない。だが、チャールズ・ダーウィンが1世紀半前に気づいたように、自然はまったく好意的ではない。我々人間も生まれてから死ぬまで、再循環の一部であるということに気づくためには、日常生活を省みればよいだけだ。

今日では、ファージウイルスが生物圏で最もありふれている多様な生物体であることがわかっている。地球上には10の31乗の種類を超えるウイルスが存在すると推定されている。10の31乗とは、1000万×1兆×1兆のことである。細菌を含む他のすべての生物を合わせた数よりも10倍から100倍も多い。ウイルスは微生物の貪欲な捕食者であるが、微生物の進化にも重要な役割を果たしている。ウイルスが海洋生態系で非常に重要な役割を果たしていることは明らかである。

あらゆる生態系、酸素がないヒトの腸の中まで探せば探すほどますますウイルスが見つかる。その多くは、生態系での機能がほとんど知られていない未知のウイルスである。また、生命の進化の初期段階でウイルスが果たした役割についても調べ始めたばかりである。ウイルスは今日の生活の相互依存の中で重要な役割を果たし続けている。

ウイルスは細胞生物の3大ドメイン（真核生物、細菌、アーキア）とは、その生活環や遺伝子構成が本質的に異なる。その一方で、ウイルスはこれら3ドメイン内のあらゆる階層で相互作用している。存在するために細胞生物に共生し、依存しているからである。3大ドメインとの本質的な違いと、必須となる宿主細胞との相互作用が組み合わさって存在しているのだ。これが、ウイルスと宿主との共生を理解する鍵となる。ウイルスは宿主の遺伝子や代謝経路を乗っ取らざるを得ない。これらの経路を巧みに操り、「遺伝的共生（genetic symbiosis）」と呼ばれる進化様式で宿主の進化を変化させている可能性がある。宿主ゲノムを変化させるウイルスとの遺伝的共生により、細胞生物は、ウイルスの貢献なしにはできなかったであろう新たな進化を享受してきた。

ウイルスが無数の宿主と相互作用する連結帯、**「ウイルス圏（Virosphere）」**を構成し、生命が存在するすべての環境にまたがっていることがわかってきたのは、ごく最近のことである。ウイルスの存在を系統的に調査したあらゆる生態学研究から、ウイルスが最も豊富に存在する生物体であることがわかったのだ。ウイルスの遺伝的多様性もまた、それに相応して巨大であり、すべての細胞生物が持つ遺伝子の多様性（さまざまな遺伝子と遺伝子配列）を大幅に上回る可能性があることが、ようやくわかってきたところである。

これは、4つの外洋域の海洋生物圏のメタゲノミクスにより確認された。これらの生態系で発見されたウイルスの遺伝子配列のほとんどが、現在の遺伝子データベースの配列とは異なっていた。それほど遺伝子の多様性が高く、現在知られていない数十万のウイルス種の存在が示されたのだ。新たに発見されたウイルスが関係する共生相互作用の中には、光合成に重要な「シアノバクテリア」の進化に寄与するものもあった。これは、我々が呼吸する酸素だけでなく、海洋のエネルギー循環にも不可欠だ。

最近まで、海洋中のウイルス研究の多くは、表層水の試料を用いて行われてきた。これらの研究結果から、ウイルスがすべての海洋で最も豊富に存在する生物体であることが裏づけられたが、深海の生態系では、ウイルスの存在と役割についてほとんど知られていなかった。
２００８年、海洋学者の国際グループが、他に先駆けて深海底の生態系に対するウイルスの影響について報告したところ、海洋表層水から深海の堆積物まで、すべての深度でウイルスが豊富に存在することが確認された。さらなる実験により、自然界ではあらゆるウイルス感染の99％以上が溶菌サイクルであることが示された。海底の境界や深海の堆積物も含まれる。巨大な殺生サイクルを、いたるところで観察したのだ。

海洋生態系でのウイルス研究はまだ始まったばかりだが、ウイルスが海洋の地球化学的循環において重要で欠かせない役割を果たしていると思われる。このことは、総じて予測可能ではあるが、重要な疑問を投げかけている。

ウイルスの生態系での役割は、海に限られるのだろうか？

第20章

ウイルス圏

Virosphere

2006年、私はウィーンで開かれた国際共生学会の国際会議で、「共生体としてのウイルス」をテーマとする半日セッションに協力した。このテーマが公式に科学界で発表されたのは、これが初めてであった。著名な進化ウイルス学者ルイス・P・ヴィラレアル教授が議長を務め、アメリカの植物ウイルス学者マリリン・J・ルーシンク教授らが参加した。ルーシンクは、オクラホマ州アードモアにあるサミュエル・ロバーツ・ノーブル財団に勤務していた。会場はウイルス学以外の専門家でいっぱいである。「ウイルス共生学」という研究分野が広がっていると聞いて私はいささか驚いた。彼らは共生相互作用を複雑にする可能性があることをやや心配しながらも、大方の場合、ウイルス学以外の分野への我々の貢献を歓迎していた。

植物病理学、環境微生物学教授マリリン・ルーシンクからメールを受け取ったのは1年前のことだ。彼女は、私が著書『Darwin's Blind Spot（ダーウィンの盲点）』（未邦訳）で発表した見解に興味を持っていた。その本の中で私は、新ダーウィン主義的進化と共生的進化を比較し、両者の差異を明らかにしている。メールには、「ネイチャー・レビュー」誌に掲載予定の論文が添付されていた。非常に興味深い内容で、ウイルスの進化について新しい2通りの解釈をし、その2つを比較するというものだった。1つは「突然変異と自然選択」を基礎とした進化論による解釈、もう1つは、「シンビオジェネシス」を考慮した解釈だ。

結論は、「どちらのメカニズムも新種のウイルスを発生させることができるが、生物に生じる変異の早さ、新種が発生する早さなどから見て、シンビオジェネシスを考慮したモデルのほうがより妥当と思われる」であった。彼女の論文は、2005年12月に掲載された。

2007年には、ルーシンク教授とサミュエル・ロバーツ・ノーブル財団の研究者らは、ワイオミング州のイエローストーン国立公園で先駆的な実験を行った。植物学者は、熱帯性のキビ類と植物に侵入する真菌のような植物間の共生をすでに明らかにしていた。植物は真菌のおかげでこの乾燥した高温の環境を生き延びている。真菌は他のすべての生物と同様に、ウイルスに感染しやすい。研究者たちは現在、イエローストーンの地熱で高温になった土壌に育つ熱帯性のキビ類（Dicanthelium lanuginosum）とその共生菌（Curvularia protuberata）に注目している。

これまでの実験では、植物も真菌も単独では38℃以上の土壌温度に耐えられないことがわかっていた。しかし、共生関係にある場合には生育することができる。ウイルスの存在については、これまで誰も考えたことがなかった。だが、マイコウイルス［真菌ウイルス。特定の真菌類に感染するウイルスの総称。人や農産物に害をもたらす菌類の、抑制や防除に利用する研究が進められている］に関連する遺伝子配列について植物と真菌の関係を調べたところ、未知のウイルスが確認された。この関係に貢献している第3の存在が浮上してきた。共生ウイルスだ。乾燥した環境で生き延びる植物と真菌の関係を助けていたのだ。

ところが、真菌に感染しているウイルスを取り除いてしまうと、植物は熱に耐えられなくなることがわかった。真菌にウイルスを再度感染させてみると、植物は熱への耐性を取り戻した。これにより、確かにウイルスとの共生が確認された。この常識を打ち破る研究は、「植物と真菌とウイルス：耐熱性に必要な3種の共生（A Virus in a Fungus in a Plant: Three-Way Symbiosis Required for Thermal Tolerance）」というタイトルの論文で発表された。

1年後、ルーシンクらは研究対象を広げた。4種類のウイルスに感染させた植物で、干ばつへの耐性を持つようになった植物の例をさらに発見した。要約すると、もはやウイルスを「遺伝子に依存する寄生体」とは呼ばず、「遺伝子に依存する細胞内共生体」と呼ぶというものだった。

さらに最近では、ルーシンクらはメタゲノミクスを用いて植物のウイルスを探索している。2011年に発表した論文「大いなる未知の存在：植物ウイルスの生物多様性（The big unknown: plant virus biodiversity）」で、包括的なスクリーニング研究によって、現在の我々の理解をはるかに超えた植物ウイルスの多様性が明らかになるだろうと予測した。同じ年、複数のウイルス研究グループが、「原核生物のウイルス圏」と呼ぶ状況について、驚くべき概要を発表した。「ここ数年の間に、原核生物のウイルスに対する一般的な見方は、単なる研究室の興味から、主な生態系や地球の生物圏を理解する上での検討対象に変化している」と断言したのだ。**今や、真正細菌（一般的な細菌）やアーキアとウイルスとの相互作用は、何十億年にもわたって生態系で重要な役割を果たしてきた可能性が高まっている。おそらく細胞生物が地球上に存在する限り。**

この分野に精通している科学者を納得させて、このような画期的な結論に到達することができたのはなぜだろうか？

まず、微生物学者は、地球全体で数量化できる原核生物ウイルスの数が驚くほど多いことに気づいた。海洋で広く行われている測定方法でさえ、地球上のウイルスの総数を過小評価していた可能性が高い。測定が最も簡単な尾のついたバクテリオファージだけを調査していたからだ。この調査では、他の細菌ウイルスやアーキアウイルスを除外し、細菌やアーキアのゲノムに「プロウイルス」［ウイルスが宿主DNAに組み込まれた状態］として組み込まれたわずかなウイルスの存在を無視していた。微生物学や生物工学の専門家からなる他の研究者グループは、土壌中のウイルスについて同様の調査を開始していた。

それまで、植物ウイルス学者の多くは、植物の病気にかかわるウイルスと作物生産に対するウイルスの影響に関心があった。しかし２００５年までに、デラウェア大学の植物学者とテネシー大学の土壌学者らは、デラウェア州の土壌6カ所の生態系でウイルスの存在量と多様性について調べ始めた。そこでは、土壌の乾燥重量1グラムあたり数十億のウイルスが検出され、海洋で発見されたウイルスと同程度存在することが確認された。そして、海洋での研究と同様に、土壌のウイルス群でもバクテリオファージが中心となっていることを発見した。

また、森林の土壌のほうが、農業用の土壌よりウイルスの存在量が多いこともわかった。予想されたように、ウイルス量は、特定の土壌の性状ではなく、細菌数、水分、有機物含量と相関することが確認された。さらに驚くべきことに、この研究グループは、ほとんど生物のいない南極の谷間にも乾燥した土壌1グラムあたり数億にまで減少するが、ウイルスが大量に存在することを発見したのである。

まさしくこれはメガウイルスを探した研究者の結果と一致する。

今では、微生物学者は複数の生態系での未知のウイルスと微生物との共生が重要であることに気づいている。南極の調査から1年後に新しい論文が発表されたが、その概要は、沿岸環境でウイルスが生態学的に重要であると評価し、細菌株の入れ替わりに、20〜100％も寄与していたというものだった。このことには、海の細菌集団の巨大な溶菌サイクルと同様の生態学的意味があるように思われる。炭素、鉄、その他の微量栄養素のような重要な元素を、細菌バイオマスから同じ環境内のより小さな原核生物へと移動させることができるからだ。

土壌中のウイルスが生態学的に重要であることは、最近までほとんど知られていなかった。ウィリアムソン［デラウェア州で行った研究（論文）のファーストオーサー］らのさまざまな土壌や環境での発見は、次のことを示唆している。地球上では水環境が圧倒的な量であるにもかかわらず、土壌環境の微生物の存在量と多様性は、水環境をはるかに超えている可能性がある。

２０１７年の論文は、「土壌生態系のウイルス：未知の領域にある未知の量（Viruses in Soil Ecosystems：An Unknown Quantity Within an Unexplored Territory）」というタイトルであった。「土壌ウイルスの多様性は、依然として過小評価されており、土壌生態系へのウイルスの影響はほとんど理解されていなかった」と、ウィリアムソンらは力説している。一方、２年前、マリリン・ルーシンクは、植物ウイルスのメタゲノミクスの進展が急務であるという同じ結論に達していた。

今日、さまざまな水環境で新しいメタゲノミクスを用いたウイルス研究の興味深い結果が出てきている。人工湖や南極湖、チェサピーク湾、水産養殖施設、イエローストーン国立公園の温泉、海底の熱水噴出孔などでの研究だ。メタゲノミクスによる探索は、南アフリカのケープフローラルキングダム［ケープタウン周辺の世界で最も植物が密集している地域］のコーゲルベルク自然保護区、ペルーの熱帯雨林、カリフォルニアの砂漠、カンザスの平原、日本や韓国の水田などのさまざまな土壌生態系にも広がりつつある。ヒトのビローム（ウイルス集団）では、すべてのウイルスを外来性のものと考えるには、限界があるのではないかと探求している研究者もいる。

ヒトの体は日々の暮らしや移動で一緒についてくる、持ち歩ける生態系を受け入れている。人はあまり考えたがらないが、体の生態系は我々の健康にとって重要である。ヒトの体に関する生態系で、おそらく最も不可解なのが、「潜伏ウイルス」である。単純ヘルペス、帯状疱疹、腺熱、サイトメガロウイルスなどは体のどこかに潜んでいる。生きている間ずっと一緒にいるウイルスだ。もっとはっきりとした生態系は、本書の最初の数章で述べた「細菌叢」である。たとえば、皮膚、特に脇の下や鼠径部、鼻腔、口などの湿った部分、女性では膣や生殖器である。そして男女ともに、最大で最もわかりやすい微生物生態系、すなわち大腸や結腸である。そこには、膨大な数の微生物が生息し、ヒトの健康に貢献している。

大腸には約100兆個の微生物が存在する。地球上のさまざまな生態学について学んできた今では、腸内の微生物がおびただしい数のウイルスを引き寄せていることを知っても少しも驚くことはないだろう。腸のウイルスを探す最も簡単な方法は、便を調べることだ。健康な人の便には、1グラム中に最大1000億個の微生物が存在する。細菌が主であるが、アーキアや原生生物も含まれる。腸内細菌叢のウイルス構成要素に関する研究は始まったばかりであるが、すでに動的な共生的相互関係が確認されている。

ヒトのビロームの研究は始まったばかりであるが、健康な腸には膨大な数のファージウイルスが生息していることがすでにわかっている。その遺伝子の塩基配列のほとんどが、すでに確立されている遺伝データベースでは未知のものだ。これらのウイルスは「ウイルス暗黒物質《ダークマター》

(viral dark matter)」と呼ばれているが、何か不吉なことを暗示しているわけではない。最近まで誰も研究しようとしなかったので、よくわかっていないだけである。我々1人ひとりが生まれて間もない頃から、これらの大量の細菌やその共生ウイルスと調和し、健康に暮らしている。現在、地球上の他のすべてのウイルスと同様に、これらもメタゲノミクスの対象となっている。また、さまざまな面で特定のウイルス集団が健康や病気に関係しているかどうかの研究も行われている。

その中で、腸のウイルス量と食事の変化との相関を調べる研究がある。初回の結果は、個人が非常に安定した独自のビロームを長期間保有していることを示している。一方で、同じ食事をしている人たちのビロームが、一致する傾向が見られた。このことから、食事がビロームの組成に影響を与えていることがわかる。

糞便微生物移植を利用した研究もある。現在、糞便微生物移植が腸のビロームに及ぼす影響を検討する一連の試験が行われている。たとえば、食中毒菌のクロストリジウム・ディフィシルによる腸の再発性感染症の治療で成功例が報告されている。小児潰瘍性大腸炎でも、糞便微生物移植が治療として試みられているが、効果は一時的で限られていた。

地球上のすべての生命と同じように、ヒトはウイルスに満ちた生態系の中で暮らし、生きている。簡単にいえば、**地球上の生物は、進化をともにしているウイルスと、果てしなく深く共生**

しながら進化してきたのである。我々人間は、あらゆる細胞生物と同じように、地球の「ウイルス圏」に生息しているのだ。海の中、土の中、ヒトの体腔《たいくう》［動物の体内で、消化管などの諸器官と体壁の間にあるすきま（腔所）］の中で、多様で親密な共生関係を持つというこの驚くべき発見は、地球上の生命の歴史、現在の生物多様性、そして進化の継続に貢献しているのであろう。

そんな中、人類の進化に非常に密接にかかわってきたウイルスがある。

第21章

胎盤哺乳類の起源

レトロウイルス

20世紀、天然痘以来の人類を苦しめる最も危険なウイルスが新たに出現した。**ヒト免疫不全ウイルス（HIV-1）**だ。後天性免疫不全症候群（AIDS、エイズ）によって多くの命が奪われたパンデミックを、我々は嫌というほど知っている。このウイルスがどこから来たのかもわかっている。**サル免疫不全ウイルス（SIV）**というチンパンジーのウイルスと密接に関係している。

HIV-1とその近縁種であるSIVは、**レトロウイルス**だ。すなわち、逆転写酵素を持つRNAウイルスで、宿主の標的細胞に感染する過程で、RNAゲノムを鋳型となるDNAに変換することができる。標的細胞は、ウイルスの侵入に対する免疫応答に関与する細胞である。この場合はTリンパ球である。

HIV-1は、Tリンパ球の表面膜にあるCD4受容体という特異的な受容体に結合する。これにより、ウイルスのエンベロープが細胞膜と融合し、ウイルスゲノムが細胞内部に侵入しやすくなる。ここで、HIV-1は逆転写酵素を利用して、ゲノムをDNAに変換する。これはリンパ球の染色体に挿入され、娘ウイルス産生用のテンプレート（鋳型）となる。宿主染色体内のこのウイルステンプレートは、「プロウイルス」（267ページ参照）と呼ばれる。

プロウイルスは、細胞の遺伝子機構に新しい娘ウイルスをつくるように指示を出す。娘ウイルスは、周囲の組織に放出され最終的には血流に入り、別の宿主T細胞でも複製過程を繰り返す。ときには標的範囲を広げて、他のリンパ球、マクロファージ、樹状細胞、さらには脳細胞に感染することもある。これらの細胞はすべて表面にCD4受容体を持つと推測される。

未治療の末期エイズでは、免疫防御に大きなダメージを受けている。その結果、サイトメガロウイルス、トキソプラズマ、カンジダ、単純ヘルペスなどの日和見感染症［通常は病原性のない微生物が免疫抵抗の低下した患者で感染発症すること］を引き起こす病原体によって生命を脅かす二次感染が起こる。通常であれば免疫システムが正常に働き、このような重篤な感染症を引き起こすことはない。他の合併症にはカポジ肉腫として知られるがんがあり、皮膚や内臓が冒される。

1983年にパリのパスツール研究所でリュック・モンタニエとフランソワーズ・バレシヌシによってHIV-1が発見されるまで、エイズの原因は謎のままであった。HIV-1などのウイルスは、どこからともなく現れるものではない。エマージングウイルスは、自然界の長期にわたるウイルス—宿主共生サイクルにヒトが侵入することで、既存のウイルス源から発生する。現在では、HIV-1はサル免疫不全ウイルス（SIV）に長期間感染していたチンパンジーから、種を超えて感染したと考えられている。弱毒性の免疫不全ウイルスHIV-2は、SIV

の近縁ウイルス株の宿主であるスーティマンガベイモンキーから感染した類似種が起源であると考えられる。多くのウイルスを見てきた今では、これらの動物宿主でウイルスが病気を引き起こすことがほとんどないことを知っても、少しも驚かないだろう。

熱帯雨林のウイルスは、どのようにしてチンパンジーやサルから種を乗り越えてヒトに感染したのだろうか？

最も可能性があるのが、「狩猟」だ。アフリカの地元住民には、食肉として類人猿やサルを狩る伝統があり、免疫不全ウイルスに感染したサルや類人猿の血液にヒトが接触することがある。ウイルスは、皮膚の切り傷や擦り傷から狩猟者の組織に侵入した可能性が高い。この種間交雑が確認されたのは、1999年にチンパンジーでSIV株（SIVpz）が発見されたときである。その遺伝子配列がヒトのHIV-1とほとんど同じだったのだ。

遺伝学者は、保存血液を用いてHIV-1の祖先を追跡し、HIV-1がヒトに初めて感染したのは、現在のコンゴ民主共和国のキンシャサに住む男性である可能性が高いと確認した。ヒトとの種間交雑は、1920年代初頭のある時期に起こったと結論している。1960年代、コンゴ民主共和国にはハイチ人が多く働いていた。そのハイチ人がカリブ海の島に帰国し、コンゴ民主共和国からハイチにエイズ感染が広がった。

その後の数十年間で、エイズはアメリカ、ヨーロッパ、そして最終的には世界中に広がった。

この段階までに、HIV-1は多種多様な「グループ」または「亜型（subtypes）」に進化し、ヒトの宿主の中でさまざまな伝播様式で広がっていた。同性愛者の男性間で、違法薬物使用の際の汚染された針で、異性間のセックスで、母親から赤ん坊へと。2016年までに、約7500万人がグループ「M」（majorの意）に感染していた。同じ年、およそ100万人がエイズで死亡した。これは、世界のエイズ死亡者数がピークに達した1997年の330万人よりも大幅に改善している。

今日では、質の高いサーベイランス、助言、性交渉の相手や家族への感染予防策に加え、効果的な多剤併用療法によって、エイズはもはやかつてのような致命的な病気ではなくなっている。これを「機能的」治癒と呼ぶ者もいるが、感染患者からウイルスを一掃するという意味では、まだ完全に治癒したわけではない。2016年時点で、3670万人が未だHIV-1に感染しており、その数は男女でほぼ同数である。

医学研究によってウイルスを消滅させる高度な治療が開発されるまでには、どれくらいの時間がかかるだろうか？　現時点ではわからない。HIV-1ウイルスは、物理的にとても小さく、ゲノムも同様にとても小さいが、ウイルスを消滅させる治療に抵抗する並外れた能力を持つ。この極小の存在がどのようにして現代世界を混乱させたのだろうかと疑問に思う。微生物や治療法の研究により、30年に及ぶウイルスの暴走を止めることができたはずだ。

このウイルスの持続性は、いささか理解しがたい。HIV-1が血液や組織に最初に到達するのを、免疫監視システムが発見すべきではないだろうか？　他の病原体の場合、普通の風邪やノロウイルスや何年も前にウサギやヒトに注射したファージウイルスと同じように、免疫監視システムの抗体や免疫系のさまざまな細胞がウイルスを見つけ、取り除く様子を我々、医師は見てきた。HIV-1と免疫システムとの戦いには、何か違いがあるのだろうか？

レトロウイルスは非常に古いウイルスで、哺乳類よりもはるかに古い。最古の化石で発見された脊椎動物よりも古い。ウイルスは長い時間をかけて、宿主の免疫防御を打ち負かす能力を磨くことができた。HIV-1が取り入れた作戦の1つが、**我々人間の分子でできた一種の「見えないマント」の中に隠れること**である。そのため、ヒトの免疫防御システムでは「異物」と認識されない。HIV-1パンデミックを起こすもう1つの鍵となるのが、**ウイルスの変異能力**である。すべてのRNAウイルスと同様に、レトロウイルスは猛烈な勢いで変異するのだ。

エイズパンデミックが発生してから5～6年経った1985年までに、患者に感染したウイルスですでにエンベロープの遺伝子配列に変化があった。初期の配列とは12％も異なっていたのだ。その6年後には、フロリダのエイズ患者で19％という驚異的な変異が見られた。*HIV-1は、感染したすべての患者の体内であっという間に変異が起こる。実際、1人の患者で優勢となったウイルス株が、感染の過程で変化していく。ある意味では、患者は自分自身のウイルス株を進化させている。患者の体内では、株は単一のウイルスゲノムではなく、関連するウイルスの大群として存在し、個々の群れが活発に自分の群れの近縁種をサポートする一方で、激しく変異し、互いに競争しているのだ。

また、HIV-1とHIV-2は、人類を苦しめた最初のレトロウイルスというわけではない。ヒトゲノムの研究により、人類の祖先がレトロウイルスによるエピデミックに何度も襲われていることが明らかになっている。さらに遡れば、人類の出現以前の霊長類の祖先や脊椎動物の起源となる祖先にも感染している。この進化における意義は、注目に値する。この意味を理解するには、レトロウイルスが宿主の標的細胞内でどのように自己複製するのかを明白にする必要がある。

すでに書いたとおり、レトロウイルスはウイルス逆転写酵素を用いてRNAゲノムを同等のDNA配列に変換する。次に、ウイルス自身のインテグラーゼ酵素の働きにより、標的細胞の染色体に挿入する。挿入されたレトロウイルスのゲノムは、宿主標的細胞のゲノム内にあり、娘ウイルスをコードする「プロウイルス」として機能する。新たな宿主でレトロウイルスによるエピデミックが発生している間に、同じウイルスがまったく同じやり方でウイルスゲノムを宿主の生殖細胞に挿入することがある。生殖細胞とは将来の子孫になる卵子と精子だ。この場合、挿入されたウイルスゲノムは、生殖細胞とはゲノム内の他の遺伝子配列と同様に、宿主の将来の世代に受け継がれる。レトロウイルスゲノムは、遺伝子という観点から強力に相互作用する。

ウイルスゲノムが宿主染色体の中に入ったことが、感染した種の進化に対してどのような影響を与えるか不思議に思う読者もいるかもしれない。ともかく、これらのウイルスは宿主にとって共生体であることを考える必要がある。ウイルスは宿主の生理機能と遺伝機構を操作する能力を進化させた。生殖細胞内に存在するウイルスゲノムとLTR（ウイルス調製領域）と呼ばれる調節領域は、宿主種の進化を変える多くの可能性を秘めている。これは、「遺伝的共生」による進化の極めて重要な例である。現在、オーストラリアでエピデミックを引き起こしているコアラのレトロウイルスに、まさにこの方法でゲノムを挿入し、観察を行っている。

1世紀ほど昔、レトロウイルスがげっ歯類から種を飛び越え、オーストラリア東部のコアラにエピデミックを引き起こした。ヒトのエイズと同じように、生殖行為によって広がっていったのだ。その動きを追跡すると、オーストラリア北東部ではコアラのほぼすべてが感染していた。海岸を半分下った地域の約3分の2が、南部では3分の1が同様に感染していた。1世紀以上前に、カンガルー島という東海岸沖の島に持ち込まれたコアラは影響を受けていない。これは、エピデミックが北東部から始まり、1世紀以上にわたって南下してきたことを示唆している。地理的に島に隔離された少数のコアラを除いて、オーストラリアのコアラすべてが感染することは避けられそうもない。

これは、生殖行為によるレトロウイルスの伝播が著しいことを示している。コアラレトロウイルスはヒトのHIV-1と同じようにふるまい、何百万もの動物が白血病やリンパ腫によって死んでいる。一方、ウイルスはコアラの生殖細胞に「内在化」しており、一部のコアラは、すでに染色体中に散在する100個もの「プロウイルス遺伝子座」〔遺伝子座とは染色体上の遺伝子の位置のこと〕を蓄積している。この驚くべき病原体ウイルスのふるまいの研究は、我々ヒトも含めた動物ゲノムの進化にとって、レトロウイルスがどのように重要な役割を果たしてきたかを解明している。

哺乳類ゲノムのレトロウイルスを調べると、膨大な数のプロウイルスが染色体に挿入され、散在していることがわかる。これらの挿入されたウイルスが、**「内因性レトロウイルス（ERV）」**である。内因性レトロウイルスは、脊椎動物すべてのゲノムに存在する。初めて陸に上がった脊椎動物に先立ち、両性類や魚類のカエルやサメで発見された。また、さらに古い起源のレトロウイルスが光合成を行うウミウシ（エリシア・クロロティカ）から見つかっている。

ウミウシの命が終わる頃、ウイルスはウミウシの組織にあふれてくる。遺伝学者がエリシアレトロウイルスのゲノムを調べたところ、カリフォルニアのアメフラシとムラサキウニに見られる「レトロトランスポゾン」〔転写されたRNAから逆転写でゲノムに組み込まれる自己増殖性の転移因子〕の配列に類似していることがわかった。どちらもアメリカの太平洋岸に生息している。この結果から、レトロウイルスが非常に古くから存在し、動物界全体の進化に重要な役割を果たしてきたと考えられる。内因性レトロウイルスが人類の進化にどのように寄与しているかを調べると、驚くほどはっきりとした役割がわかる。

ヒトの染色体には、20万3000個ものレトロウイルス（プロウイルス）が挿入されている。これは、人類と人類出現以前の祖先が生きている間に200回ほど起こったレトロウイルスが原因のエピデミックによるものだ。このレトロウイルスの継承が、長い年月をかけて人類の進化を根本的に変化させた。この進化の様式を理解する鍵は、遺伝子レベルでの共生による進化が実際にどのように働くかを明らかにすることである。特に、ホロビオントによる遺伝子レベルの進化を理解することである。

ウイルスゲノムが宿主の生殖細胞に組み込まれると、2つのゲノムが融合して新しい「ホロビオントゲノム」が形成される。複数の進化系統を含むゲノムだ。その結果、ホロビオントゲノムは、かつての宿主ゲノムと高度に操作可能なウイルスゲノムとの相互作用によって変化し、新たな進化の可能性を持つことになる。ダーウィンの自然選択は、もはやウイルスかヒトの構成要素のどちらか一方だけの利己的なものではない。宿主とウイルスのホロビオントゲノムの両方で作用する。ホロビオントの生存可能性が高まるゲノム変化を選択し、ホロビオントの生存可能性が低下する変化には対抗する。この変化がもとの宿主やもとのウイルスの遺伝子と調節エレメント［転写調節因子が認識して結合する特異的配列を示すDNA領域。この調節エレメントを介してプロモーター（DNAで遺伝子の転写制御を行う領域）からの転写がコントロールされている］に取り入れられるかどうかは問題ではない。

ヒトゲノムでは、挿入されたレトロウイルスは、**「ヒト内在性レトロウイルス（HERV）」**と呼ばれる。ヒト内在性レトロウイルスは、その定義にもよるが、30から50のファミリーからなり、これらのファミリーはさらに200を超えるグループとサブグループに細分される。いずれも独立した侵入ウイルス系統で、霊長類の祖先がレトロウイルスの大規模なエピデミックで犠牲となっていたことが確認されている。エピデミックのほとんどは1000万年以上前に発生したが、人類の系統がチンパンジーの系統から分離した後、おそらく700万年ほど前に多数発生した。内在性レトロウイルスであるHERV-Kのコロニー形成では、少なくとも10個がヒトに特有である。

長期にわたるホロビオントによる進化では、挿入されたウイルスと宿主ゲノムの進化的相互作用が進化に有利になる機会がある。それは、LTRへ膨大な数のプロウイルスを挿入し、新たな遺伝子制御能力を獲得することである。特に、ヒトゲノムと近い場合だ。今日のヒトゲノム研究で、ホロビオントでこのような選択が働くという確かなエビデンスはあるのだろうか？

その答えはもちろん「イエス」だ。

遺伝子の詳細には触れないが、かつてはウイルスの遺伝子調節領域であったものが、現在ではヒト遺伝子のタンパク質合成で転写を制御している。ヒトゲノムでさまざまなクラスの調節領域を系統的にスクリーニングしたところ、ヒト遺伝子の機能に影響を及ぼす重要なウイルス遺伝子配列が533個発見された。たとえば、血液中のヘモグロビンのβグロビンをコードする5つの遺伝子群である。内在性ウイルスであるERV-9の調節領域が、もとの宿主によるβ-グロビン遺伝子群の制御に取って代わったのだ。

2000年、2つの研究グループがヒト内因性プロウイルスのエンベロープ遺伝子であるERVWE1がヒトの胎盤形成に必須であることを発見した。ERVWE1遺伝子座はヒト7番染色体に挿入されている。ウイルスエンベロープ遺伝子*env*は、ウイルスエンベロープのタンパク質をコードしていたが、現在はシンシチン-1タンパク質をコードしている。シンシチン-1は、「トロホブラスト（栄養膜）」と呼ばれるヒト胎盤の境界面の細胞で強く発現する。

トロホブラストは、隣接する細胞膜の間に接合間隙のない単一の融合膜である。実際、シンシチンはトロホブラストの運命を変化させ、合胞体栄養膜に変えている。この合胞体は非常に薄い膜で、母体と胎児の循環の間で境界面を形成し、妊娠中に子宮内膜の奥深くまで浸潤する。細胞間には間隙がないので、母体からの栄養と胎児からの老廃物はすべて細胞質を通過し、生物学的に濾過される。また、胎児抗原の半分は父親由来であるため、母親の免疫系からは「異物」とみなされる。胎盤内の胎児の循環から母体を分離する融合合胞体細胞層は、母体の免疫系による攻撃から胎児を保護しているのだ。

この胎盤と子宮内膜の境界面は、すべての哺乳類の最も精巧な組織である。ウイルスの遺伝子座は、内在性レトロウイルス「ERV」であり、ヒト内在性レトロウイルス「HERV」ではない。ヒトは、ゴリラ、オランウータン、チンパンジーなどの大型類人猿と共有しているからだ。第2の内在性レトロウイルスタンパク質であるシンシチン-2は、第6番染色体上のプロウイルス遺伝子座HERV-FRDが発現することによって合成される。シンシチン-2は、胎盤界面層の胎児側に発現している。強力な免疫抑制機能を発現し、母体の免疫学的攻撃から胎児を守るのだ。

現在、ヒトの生殖に重要な役割を果たしている内在性レトロウイルス遺伝子座は少なくとも12種類あることがわかっている。他のいくつかは正確な役割がまだわかっていないが、少なくとも5つが胎盤形成に関与している。実際、我々はレトロウイルスがヒトの生殖、胚発生、免疫、細胞生理に寄与していることを、理解し始めたばかりである。

ヒトの胎盤で発見されて間もなく、シンシチン-1タンパク質とシンシチン-2タンパク質の重要な機能が、他の哺乳類でも同様の役割を果たしていることがわかった。たとえば、マウスは2つの非常によく似た遺伝子、シンシチン-Aとシンシチン-Bを持つことが発見された。これらの遺伝子は、胎盤形成中に同様に機能する。このことを検証するために、シンシチン-Aとシンシチン-Bの発現を欠損させたマウスを1世代交配させた。その結果、マウスの胚性胎盤には細胞同士の融合の際に大きな欠陥が生じ、胚は死滅した。つまり、哺乳類ゲノムのウイルス遺伝子座にコードされるシンシチンが、正常な胎盤の構造と機能に不可欠であることが確認されたのだ。

シンシチンをはじめ、ヒトゲノム内の膨大な内在性レトロウイルスがどのように貢献しているかについては、まだ研究が始まったばかりである。だが、人類の進化に大きな貢献をしてきたことはすでに明らかだ。いわゆるウイルスエンベロープ遺伝子が、ヒトのさまざまな細胞、組織、器官にも関与していることを示すエビデンスが増えつつある。このため、科学者は今、「HERVトランスクリプトーム」［トランスクリプトームとはmRNAの全体集合を表す造語］に取り組み始めている。

確かに、ヒトゲノムの巨大なウイルス構成要素は、益にも害にもなる可能性がある。我々は、今、内在性レトロウイルスが胚発生において重要な役割を果たしていることを解明する初期段階にある。ただし、胎盤の異常に、シンシチンや他の内在性レトロウイルス遺伝子の異常が関与している場合もある。ダウン症候群や子癇前症《しかんぜんしょう》［妊娠中毒症の一時期で、浮腫、タンパク尿、血圧上昇を伴うが、痙攣は発現しない］、子宮内発育遅延、絨毛がんのような妊娠に関する疾患だ。一般的には、内因性レトロウイルスは自己免疫疾患やさまざまな形態のがんで、よい意味でも悪い意味でも何らかの役割を果たしていると考えられている。

実際、共生進化のレトロウイルスについては非常に大きな難問を抱えているように思われる。胎盤哺乳類の起源と進化に、レトロウイルスがどれほど重要な役割を果たしてきたのだろうか？

2種類のヒトシンシチンが発見されたことを受けて、ティエリー・ハイドマンを中心とするフランスの研究者らは、この疑問に答えようとした。彼らは、数多くの哺乳動物群で、2種類の鍵となるレトロウイルスシンシチン遺伝子の存在と機能をスクリーニングした。その結果は驚くべきものであった。調査したすべてのグループで、さまざまなシンシチン*env*遺伝子変異体が、実際に胎盤と同様の役割を果たしていることが確認されたのだ。これらには、シンシチン-1とシンシチン-2を有する大型類人猿と、シンシチン-Aとシンシチン-Bを有するげっ歯類が含まれていた。現在これに、ウサギ目の動物（ウサギなど）、肉食動物、ウマ、コウモリ、反芻動物（多くの偶蹄類）、クジラ目（クジラ、ネズミイルカ、イルカなど）、イノシシ亜目（ブタなど）、食虫目（ハリネズミ、トガリネズミなど）、アフリカ獣上目（ゾウ、ツチブタ、カイギュウなど）、異節上目（アリクイ、ナマケモノ、アルマジロなど）を加えた。その結果、調査したすべてのグループで、2つの重要なレトロウイルスシンシチンの変異体が発見された。

それだけで終わらなかった。有袋類に注目したのだ。有袋類は哺乳類と近縁でありながら、胎盤が形成されない。南アメリカのオポッサムのような有袋類は、胎児が育児嚢《いくじのう》にたどり着くまでの非常に短い期間に、胎盤形成を行う。オポッサムのゲノムに鍵となるシンシチンが存在するかどうかを調べたところ、新しいシンシチン-1遺伝子を発見した。これを「シンシチン-

Ｏｐｏｌ」と名づけた。さらに研究を進めたところ、２番目となるレトロウイルスのエンベロープ遺伝子を発見した。南アメリカのオポッサムやオーストラリアのタマーワラビーなど、すべての有袋類で８０００万年以上も選択的に保存されてきたものだ。この第2のエンベロープ遺伝子には、免疫抑制作用があった。すなわち、大型類人猿と同じようにシンシチン-2として機能すると考えられる。

ウイルスが胎盤形成の起源で重要な役割を果たしたのか、それとももっと原始的な胎盤が進化した後に現れて胎盤を効率的なものにしたのかどうかは、この時点まで不明であった。だが、一時的に胎盤を形成する有袋類でのレトロウイルスの発見によって、この難問が解決された。まとめると、「**1億5000万年以上前、胎盤を獲得するために卵生の祖先によるシンシチンの取り込みが極めて重要であった**」ということである。

この意味するところは明らかだ。**レトロウイルスの存在がなければ、胎盤哺乳類は存在しなかったのだ。**

＊ 監修者注：高等動植物の変異率と、本書のウイルスの変異率を直接比べるのは難しい。動植物では1つの遺伝子に1つ変異が入るのは、１００万回コピーが起きて1回くらいの頻度だが、ウイルスの場合、その時間内にウイルスが何回くらいコピーを繰り返したかわからないからである。もし動植物の変異率をウイルスに合わせて概算すれば、おそらく動植物の変異率は０・１％以下になるであろう。

第22章

生命の起源

我々は、日々、忙しく暮らし、常に意識することはないが、謎と不思議に満ちた世界に住んでいる。夜空の壮麗な光景を見上げながら、その起源の謎と不確かな未来に向き合う。天文学者によれば、宇宙は気が遠くなるほど古い138億年前に誕生したという。同じように推定すると、地球の起源はおよそ45億4000万年前になるらしい。

地球の起源である冷たい塊には、疑いなく生命が存在しなかった。なんと驚くべきことに、その5億年余り後の化石から、細菌に似た生きた細胞が現れた。この最初の細胞生命体の進化は、第2の大きな謎であり、私の亡き友人である生物学者リン・マーギュリスと彼女の息子であるドリオン・セーガンが、著書『Microcosmos(小宇宙)』(未邦訳)で見事に捉えている。細胞生命に不可欠な代謝経路の多くが形成された時期であったようだ。

だが、生命は細胞膜と数千の遺伝子を持つこのような複雑な生物から始まったわけではない。ウイルスに近い構造を持つもっと単純な存在から始まったに違いない。そこで謎となるのは、**進化する惑星の驚くほど早い段階で、原型的な存在がどのようにして無生物の化学物質から進化したのか**ということである。そのシナリオを探求するには、ウイルスの基本的な性質とその起源をもっと詳しく調べる必要がある。

どんなに「害」を及ぼしても、ウイルスは「悪」ではない。ウイルスは考えもせず、感情を感じることもできない。道徳とはまったく無縁の存在である。だが、好きなようにする自由はない。それどころか、極めて明確な進化の推進力によって動かされ、制御されている。その結果、生存の可能性を最も高め、複製を最大限に成功させている。地球上のすべての生命はこの進化の推進力に支配されているのだ。

とはいえ、ウイルスの場合、より複雑な細胞生物と比べるとこれらの力ははるかに速く働く。ここまで、ウイルスがどのように地球上のあらゆる種類の細胞生物と共生しているかを見てきた。この電光石火の進化は、ウイルスが宿主細胞、多くの場合、ゲノムの中で複製するという事実と相まっている。遺伝的環境を利用し、場合によっては変化させることで、ウイルスが細胞生物の進化に常に影響を与えてきたことは必然であったといえる。

しかし、ウイルスそのものの起源についてはどうなのか？

ウイルスの起源についての仮説は、その存在を認識してから1世紀ほどの間に変化してきた。現在でもウイルスの真の起源は不明で、さまざまな説がある。我々は、今日の生物学的構成、ふるまい、特性から、ウイルスの前身がどのようにして誕生したのかを推定することしかできない。これにより、ウイルスがどのようにして出現したかについて、4つの基本的な仮説が生まれた。

第1の「**ウイルスファースト**（**virus-first**）**説**」では、地球に細胞生物が誕生する前にウイルスが生まれていた、とされる。第2の「**縮退**（**reduction**）**説**」は、かつては細胞であったものが余計なものをどんどんそぎ落としていって、必要最小限の構造になったのがウイルスである、という考え方だ。第3の「**脱出**（**escape**）**説**」は第2の説の発展である。細胞の内部にあるゲノム断片（原核細胞で遺伝子交換にかかわるプラスミドのような自己複製因子）が親細胞の管理から逃れて飛び出し、それがウイルスの起源になった、というものだ。第4の「**多系**（**polyphyletic**）**説**」は、ウイルスはさまざまなゲノム構造を持つため、細胞生物とはまったく違う方法で別個にウイルスが生まれた、と考える

4つの説それぞれに長所と短所があることを認めよう。ウイルスの世界全体をもっともらしく説明するために、進化の膨大な時間の中でさまざまなメカニズムが関与してきた可能性も受け入れよう。今日の多様なウイルスに見られる多様な変異は多系起源なのかもしれない。そんな中、私はRNAウイルスの起源がRNAワールドと呼ばれる生命の段階にあるという「ウイルスファースト説」を支持し、この説がウイルスの起源であると提唱する。

ウイルスの起源に関する初期の仮説の多くは、「ウイルスは細胞生物の寄生体であるため、細胞生物が形成される前に誕生することができない」という考えに影響されていた。総合的な共生による解釈を採用したとしても、進化生物学者の中には、細胞生物が進化する前にウイルス

が進化することはできないと主張する者もいる。彼らは、ウイルスは宿主が存在し、共生関係を持たなければ存在できないはずだと主張する。だが、RNAウイルスに関してはこのような仮説を立てることはできないと私は考えている。

ウイルスは必ずしも共生相手である細胞を必要としない。ウイルスが他のウイルスの共生相手になる例はすでに見てきた。また、RNAウイルスが原型的なRNAワールドから現れたと考えられる理由は他にもあると、私は考えている。

ヌクレオチドDNAとRNAの化学的性質には典型的な違いがある。今日では、DNAがヒトなどすべての細胞生物の遺伝物質であることがわかっていて、その理由もすでにわかっている。化学的に安定なため、DNAは遺伝に必要な遺伝情報を記憶する完璧な媒体となっているのだ。だが、RNAはまったく別のものである。

ダーウィンは、自然選択が進化過程のごく初期の段階から作用していたに違いないと考えていた。細胞生物を結合する構造として、細胞の起源が細胞生物の進化の段階で非常に重要であったことは確かである。一方、必要な遺伝情報を記憶し生物の代謝に必要なタンパク質をコードするために、自己複製する核酸鎖の起源も同じく重要である。「進化のメカニズムが確立されたのは、地球に生物が誕生する以前の段階だと推測することができ、自己複製ポリヌクレオチド鎖が関与している」というダーウィンの考えは、現代の生化学研究によって確認されている。

また、DNAのポリヌクレオチド鎖が自己複製できないこともわかっている。DNAは、酵素であるDNAポリメラーゼの助けがなければ複製をすることができないのだ。RNAポリヌクレオチド鎖はDNAのように遺伝暗号を保存することができる。また、自己複製に必要な触媒としても働き、立体構造として機能し、自己複製の調節も可能である。このことから第一線の化学者は、「生命の原型はRNAワールドで進化したRNAの自己複製装置から始まった可能性が高い」と提唱するようになった。

このような自己複製RNA鎖に基本的な進化理論を当てはめれば、今日の生物進化と同じように、娘鎖の配列に遺伝的な変化が生じる。複製時のエラーによって起こる変異である。あるいは、進化前の2本の鎖が合体して、より大きく複雑な鎖になったとする。その結果、今日のように遺伝的共生で遺伝系統の融合が見られるように、遺伝子が急激に複雑になるのだ。ダーウィンが正しく、自然選択が進化の原始的な段階で働いていたと仮定すると、変異体とホロビオンは、原始世界で生き残りをかけて競い合い、生き残った自己複製子がその地域の個体群を支配するようになるだろう。この仮説を検証するために科学的な実験が行われ、その結果は予想どおりのものであった。

現在の進化理論から推測できる自己複製子の進化には、さらに別の意味合いがある。ウイルスの進化様式に特有なものだ。

1922年、ドイツの化学者でノーベル賞受賞者のマンフレート・アイゲンが地球に生物が誕生する以前の進化を再現しようとしたときである。他の自己複製子が遺伝子レベルの自己複製子に寄生することを発見したのだ。これにより、ウイルスに似た寄生体が既存の細胞生物に依存していないことが初めて確認された。

その一世代ほど後に、ジョン・フォン・ノイマンが同じ現象を確認した。彼はコンピュータモデルを用いて人工生命プログラムを作成した。コンピュータを用いた数学モデルでも、遺伝子レベルの自己複製子が人工生命に寄生したのだ。この自然発生する寄生は、さらにRNAウイルスを用いた細胞培養実験と最新のコンピュータシミュレーションによっても確認されている。すべてのケースで、寄生因子が自己複製子に侵入して相互作用していた。

さらなるエビデンスが必要であれば、現代のウイルス学で確固たるエビデンスを得ることができるだろう。現代のウイルス学ではRNAウイルスとDNAウイルスに不可欠で、ウイルスの複製に重要な遺伝子がわかっている。カプシドタンパク質をコードする遺伝子は、細胞生物には存在しない。カプシドタンパク質はウイルスを定義する膜で、細胞生物を定義する細胞膜に相当する。

現在、地球上の生命の起源がRNAワールドにあることを支持している専門家が数多く存在する。「ウイルスファースト説」は、RNAウイルスとその世界に由来する細胞生物の起源について論理的に根拠を示している。RNAゲノムからDNAゲノムへと進化するには、鎖中の核酸であるウラシルをチミンに置き換える必要があった。これによって、世代を超えて遺伝情報を記憶するために必要な安定性が高められた。この安定性は、おそらく自然選択によって選ばれたと考えられる。しかし、自己複製子と自然選択との間の原始的な相互作用は、どのような状況で起こったのだろうか？

1871年に、師であり友人でもあるジョセフ・フッカーに宛てた手紙の中で、ダーウィンは次のように記述している。「もしも、アンモニアやリン酸塩、光、熱、電気など、あらゆる種類のものが存在する暖かく小さな池で種《しゅ》を宿すことができるなら、タンパク質化合物は化学的に合成され、さらに複雑な変化が起こるだろう」。美しいイメージではあるが、残念ながら現在の見解では、ダーウィンの温かく小さな池よりも、深海の熱水噴出孔が地球上の生命の源である可能性が高いとされている。

生物学者が、80℃を超える一見過酷な環境を探したところ、低温下の水系をはるかに上回る多様なウイルス様粒子を発見した。これらのウイルスは、試験温度のような高温と過酷な環境で増殖すると考えられる。このような生息場所が、進化の試行錯誤を激しく繰り返すRNA自己複製子の原型を生じさせたことは注目に値する。現在、実験室での研究により、熱水噴出孔と同様の環境条件で長鎖RNAの進化を調べている。これらの実験により、ホウ酸塩、アパタイト、方解石などの天然に存在する鉱物を豊富に含む表面が、無機化合物からの小型有機化合物の生成を触媒している可能性が示された。さらに、原始のRNA鎖に不可欠な前駆体であるRNAポリヌクレオチドは、このような過酷な条件下で自己組織化［外的要因からの制御を受けずに、分子自身で自然に組織や構造を構築すること］が可能であることが確認された。

現在知られているように、DNAは安定性の高い分子であるため、世代を超えて遺伝情報を伝達する理想的な分子である。姉妹分子であるRNAは、非常に不安定である。しかしRNAは本質的に不安定だが、熱水噴出孔の不安定な環境で、素早く変化する進化の特性を備えていたのかもしれない。RNAは、生命誕生の初期段階では遺伝情報の完全な分子だったのだ。さらに、これが化学物質から生命体へのステップを開始させた分子である可能性を裏づける観察結果がある。

今日、RNAウイルスだけがRNAをコードするゲノムを持つ。RNAウイルスの研究から、RNAワールドについての有益な洞察が得られるかもしれない。化学物質としての自己複製子から生命体への鍵となる進化の段階は、「自己(self)」という概念の進化であったに違いない。このような原始的な能力の糸口は、RNAウイルスが「疑似種」［遺伝子変異により異なる性質を持つ同一ウイルス種］として進化する能力にある。これは、HIV-1で見てきた。しかし、この奇妙な用語の意味するところは何なのだろうか？

「擬似種（quasispecies）」という用語は、ドイツの草分け的な化学者マンフレート・アイゲンが、ダーウィンの自然選択の概念を自己複製ポリヌクレオチドの進化におけるふるまいに当てはめていた際に導入した。この概念は、培養物や感染患者でRNAウイルスのふるまいを研究している生物学者にとって有用であることが証明された。彼らは、ウイルスの群がどのようにして共通の変異を通して互いに密接に関連しているのかを目の当たりにした。突然変異誘発性の強い環境で、他の群や個々のウイルスと競争しながら、単一の進化した存在としてふるまっているように見えたのだ。

擬似種群の進化は、群れの一員の「自己」という原始的な認識に関与し、極端に困難な状況下でも生存を優位にしているように思われた。擬似種RNAウイルスのふるまいを種々の実験条件下で研究したところ、適応度の低い擬似種でさえ、群れ以外の適応度の高いライバルを打ち負かすことが明らかになった。自然選択は個々のウイルスのレベルではなく、群のレベルで働くことが確認された。

RNAを介在した群の自己認識は、自己複製ポリヌクレオチドの検査であれ、実験室や感染患者の体内でのRNAウイルスの実際のふるまいであれ、さまざまな実験の場で適用できることがわかった。これは、RNAウイルス様の実体が、RNAワールドという生命の起源で、「自己」という原始的な認識で重要な役割を果たしてきた可能性を支持した。また、RNAワールドのRNAウイルス起源説を裏づけるものでもあった。

DNAが遺伝情報の分子として登場したことは、細胞生物の起源として重要な段階であったと考えられる。「ウイルスファースト説」の視点では、RNAウイルスの前駆体からDNAウイルスの起源とその後の多様化を想定することは困難なことではない。それは、ウイルスと宿主の間での共生による遺伝子の交換を伴う。RNAウイルスとDNAウイルスが、今日、DNAをもとにする細胞生物すべてと多種多様な遺伝子レベルでの共生を確立していることは、このような継続的な遺伝的相互作用を裏づけるものである。RNAウイルスとDNAウイルスが進化するすべての細胞生物と相互作用を続けることにより、生物多様性の進化と今日我々が目撃している複雑な相互作用の生態が容易に明らかになるだろう。

第23章

第4のドメイン

20世紀のかなりの間、生物学者の間では、生物を「動物界」、「植物界」、「菌界(カビやキノコ)」、「原生生物界」、「モネラ界(ラン藻や細菌)」の5つの界(kingdoms)に分けることで意見が一致していた。この定義では、生物はもっぱら細胞であることを前提とする。さらに、この5つの細胞生物を区別するには、通常の実験用顕微鏡のみで事足りた。

もちろん、最初の4つの界と細菌との間には大きな違いがあった。真核生物である動物、植物、菌類、原生生物を構成する細胞は、ゲノムが「核」と呼ばれる中央の区画内に閉じ込められている。一方、原核生物である細菌を構成する細胞は、「核」を持たず、環状ゲノムが細胞質に浮かんでいる。

この分類体系は、ほぼ1世紀にわたって生物学的分類の中心であり続けた。ところが、1977年、アメリカの微生物学者カール・リチャード・ウーズが、青天の霹靂のように、『米国科学アカデミー紀要』で因習を破る論文を発表し、五界説［1960年にホイッタカーが提唱した生物の系統に関する学説］を否定した。イリノイ大学アーバナ・シャンペーン校の微生物学部で、仲間の微生物学者ラルフ・S・ウォルフと共同で研究をしていたときのことだ。この論文と以降の論文で、ウーズは五界説の分類を解体し、根本的な別の案に変更し始めた。

まず、原核生物を単一の界と呼ぶことはできず、基本的に「真正細菌」と「アーキバクテリア（Archaebacteria）」で構成される異なる2つの生物学的「ドメイン」に分ける必要があると提案した。「真正細菌」とは、結核菌などのよく知られた細菌やヒトの腸に存在する大腸菌などである。「アーキ（始原的な）バクテリア（細菌）」は、当初ウーズがつけた名称である［これが日本語に訳されて「古細菌」となった］。

ウーズの提案が進化生物学者の間で大きな議論を呼んでいたとき、彼は「アーキバクテリア（Archaebacteria）」という用語を断念して［実際には、系統的に細菌（バクテリア）とはまったく異なっていた］、ギリシャ語で「古代のもの（ancientthings）」を意味する「アーキア（Archaea）」という、より単純な用語に変更した［日本語はそれに追いついておらず、今でも「古細菌」という言葉が使われている］。彼は、アーキアの概念と定義によって、細菌の新しい分類だけでなく、まったく新しい生命の領域を発見したと考えていた。

ウーズが証明したように、アーキアは原始的な嫌気性［酸素が存在しない］の生態系に生息する、地球上で最も古い細胞生物と考えるべきである。メタンや硫化水素のような原始的な化学物質を使用していた理由がここにある。さらに彼は、古くから確立されている「生命の系統樹」を根元から切り離し、3つの異なるドメイン、「アーキア」、「真正細菌」、「真核生物」に再分類する必要があると提案した。真核生物は、アーキアと真正細菌以外のあらゆる種類の細胞生物を包含し、動物、植物、菌類、アメーバのような単細胞の有核原生生物が含まれる。

なぜ、ウーズはこのような因習を破る結論に至ったのだろうか。

彼の推論を理解するには、ウーズが現在のような生命の多様性ではなく、その起源となった当時の生命に注目していたことを理解する必要がある。現在より数十億年前の単細胞の祖先の段階だ。この段階での生命は微生物のみであり、化石の記録から多くの手がかりを得ることはできなかっただろう。したがって、生命の進化の原始的な段階を解釈するために、新しい方法を見つけざるを得なかった。

1997年に、ウーズは自身の基本的な考え方を次のように説明している。「植物や動物の実際の進化を理解していたが、細菌の世界をすべて除外したものだった。そこで私が最初に考えたのは、原核生物を持ち込むことである」。

化石の記録には何の手がかりもない。代わりに、遺伝学的、生化学的な記録に的を絞った。そのためには、生細胞中で最も基本的な化学的性質を調べる必要があった。彼もまた、生命はRNA分子から始まったに違いないと考えていた。特に注目したのは、「リボソーム」である。細胞質構造の中にあるRNAに基づく分子で、すべての生細胞のタンパク質製造工場となる。彼は、タンパク質の製造プロセスは、非常に古い起源を持つに違いないと考え、数十億年にも及ぶ広大な時間の中での進化様式を探る完璧な手段を示した。

当時は細菌とみなされていたリボソームRNAを異なるグループ間で比較し、ウーズは大きな発見をした。細菌のリボソームRNAは必ずしもすべてが同じではなかった。顕微鏡で見ると、他の細菌とまったく同じように見えたが、このメタンを生成する細菌グループではリボソームRNAの塩基配列は大きく異なっていたのだ。メタンを代謝する能力は、極めて原始的な起源であることを意味する。このメタン生成菌が、ウーズが最初にアーキバクテリアと命名した細菌である。

だが、研究を続けているうちに、この細菌が生化学的にあまりにも異なっており、進化の起源でよく知られた細菌の大多数と近縁関係にないということに気づいたのである。彼はこれらのメタン生成菌は細菌とは異なる進化系統に由来すると結論した。その違いは、細胞生物の始まりにまで遡る。これらの細菌は、今では真正細菌（Eubacteria）と呼ばれているよく知られた細菌よりも、もっと古い起源を示す特徴を持っていた。そこで、「アーキバクテリア（Archaebacteria）」から「バクテリア（bacteria）」の文字を削除して「**アーキア（Archaea）**」と命名し直したのである。

系統樹の基本原則を揺さぶるウーズの提案に、因習的な生物学者が懐疑的になることは避けられなかった。ウーズの分類では、「アメーバ」と「オークの木」よりも、「真正細菌」と「アーキア」のほうが、違いが大きいとされている。ウーズの考えは、世界有数の進化生物学者や各方面から厳しい批判を受けた。

引退し、内気で科学的な会議に出席することを嫌っていたウーズであったが、彼の再分類が受け入れられることはなかった。だが、彼は決して屈服することはなかった。その真実と意味合いを疑うことなく、次の問題を探求し続けた。一方、アーキア、真正細菌、真核生物の間には、微妙ではあるが重要な違いがあることが、広く認識されるようになってきた。遺伝子に注目する生物学者の世代が増えたためだ。「ウーズ革命」が勝利し始めた。

今日では、ほとんどの進化生物学者が生命を以前の五界説ではなく、ウーズの3つのドメインに分類している。この分類の中で、真核生物のドメイン、すなわち「真の有核生物」には、以前の分類の最初の4つの界すべてが含まれるようになったのだ。この間に、生物学の世界では、真正細菌とアーキアが別のドメインであることを認めている。

概して、真正細菌はアーキアよりも複雑なゲノムと化学物質を持つ。また、細菌ははるかに広く存在するので、生物学者が細菌についておおまかに語るときには、普通は真正細菌を指す。アーキアは細胞壁の化学的性質が真正細菌と異なる。またDNA複製とメッセンジャーRNAへの転写、タンパク質への翻訳にかかわるいくつかの重要な酵素の化学構造も異なっている。これらすべてがウーズの考え方を裏づけるものである。

アーキアには地球が現在よりも住みやすい環境ではなかった時代に進化し、最古の細胞生物の子孫であることを示す重要な特徴がある。その一方で、真正細菌は酸素のある環境でも嫌気性の環境でも生存できる。一般的な水生生態系と陸生生態系のほとんどで発見されている。

ウイルスは細胞生物ではないため、ウーズのドメインには含まれていなかった。これは、五界説と同じである。しかし、これまでの章で見てきたように、ウイルスは生命の起源とそれに続く多様化の過程で、非常に重要な役割を果たしてきた。**では、生命の進化においてウイルスとその役割をどのように解釈すればよいのだろうか？** そのような解釈は必然的に推測の域を出ない。おそらく最初のステップはウイルスを詳しく調べることであろう。先入観を持たずに、遺伝子の構成と生化学的な構成、見慣れた行動パターンに特に注意を払うことである。

微生物学の学術誌で最近論議を呼んだ質問から始めよう。**ウイルスは細胞生物の第4のドメインなのか？**

私の考えでは、答えは明確に「ノー」だ。ウイルスは細胞ではない。細胞膜を持たず、細胞生物の典型的な遺伝的、生化学的特徴を持たない。具体的には、ウーズが細胞進化の基本的なアプローチで注目しているリボソームを持たない。

では、新たな疑問を投げかけてみよう。**ウイルスは細胞生物にはない構造を持っているか？**

ウイルスは細胞膜を持っていない。だが、ウイルスにしかない代わりの膜を持っているというのがその答えだ。本書のこれまでの章で何度も見てきた。カプシドだ。ここまでで、ウイルスにとって本質的で、細胞生物のどのドメインにも存在しないない2つの特徴を明らかにした。

ウイルスは細胞ではない。そして「カプシド」と呼ばれる典型的なウイルス構造をコードするゲノムを持つ。カプシドは、すべてのウイルスゲノムを包んでいる。

次に、ゲノムについて考えてみよう。生命の進化にとってゲノムほど重要な構造はない。体を構成し遺伝情報を継承するために、ゲノムに情報を記録しコードする。これまでに、ウイルスもゲノムを持つことを見てきたが、通常は細胞生物のゲノムよりもはるかに小さくて凝縮されている。したがって、ゲノムを持っていることが、ウイルスを生命体とみなす議論で重視される。

さらに、細胞生物の3ドメインからウイルスを区別する極めて重要な手がかりがある。DNAはすべての細胞生物をコードする。少数派ではあるが、ある種のウイルスは、DNAではなくRNAゲノムを持っている。生命が本当にRNAワールドの鍵となる段階から始まったのであれば、RNAウイルスが進化した起源と関係があるかもしれない。これにより、「自己」という概念を確立できる可能性が生まれる。自己複製ポリヌクレオチドから原始的な生命の起源へと進化する段階で不可欠なものである。

さらに別の質問をしてみよう。**細胞生物の進化で最古の時代にウイルスが存在していたエビデンスはあるのか?**

1974年、ウイルスがアーキアに「感染」することがわかった。そのウイルスとは、**ハロウ**

イルスである。極端に塩分濃度が高い環境でも生存できるウイルスだ。その発見がウーズの再分類よりも早かったため、当初は細菌を宿主とするバクテリオファージとして分類された。「ハロバクテリウム・サリナルム」と誤って命名されていたのだ。今日ではハロウイルスはアーキアウイルスとして再分類されている。

その後、アーキアウイルスに関する発見が続いた。発見の1つに、アーキア宿主の細胞膜上にあるピラミッド構造を介した娘ウイルスが持つ新しい放出機構がある。ピラミッド構造は正二十面体の対称性を持つこともある。このような機構は他のドメインのウイルスでは見られなかった。メタン生成菌から初めて分離されたウイルスが、1986年に報告された。このやや奇妙なウイルスは宿主アーキアの培養が難しく、ウイルスの分離、すなわち研究が困難であった。1980年代の初頭に、初めて好熱性ウイルスが硫黄依存性宿主から分離された。それ以来、117種を超えるアーキアウイルスが、厳しい環境やそうでない環境などさまざまな環境の多様なアーキア宿主から同定されている。専門家は、生物圏でアーキアウイルスが多様性のほとんどを占めることがわかり始めたばかりだと考えている。また、アーキアは生命の3つのドメインの中で最も謎に包まれているが、ビリオンの形状とウイルスゲノムの多様性は特筆すべきであると力説している。

29のアーキアウイルスが新たに再分類され、15のウイルス科に属すことが判明している。既知の真正細菌ウイルス6000種はすべて、わずか10科に分類される。このことは、アーキアウイルスが他の2つのドメインのウイルスよりも古く、はるかに多くの遺伝子変異を持つことを示唆している。

アーキアウイルスは、これまで研究されてきたどのウイルス群よりも風変わりである。瓶やスピンドルのような形をしていて、短い尾や長い尾がついているものもあれば、ひげのような細長い糸がついた液滴の形をしているもの、コイルや球体のような形をしているものもある。宿主から出た後に新しい尾を発射できるものもある。これらのウイルスが宿主と共生して何をしているのか、その複雑さは、イエローストーン国立公園内の酸性温泉の長年にわたる詳細な調査によって明らかにされている。

予想されるように、この過酷で原始的な環境の微生物群集は比較的少なく、細胞生物のうち97％がアーキア、3％が真正細菌に分類された。真核生物は確認されなかった。この微生物群は数年の間、安定しているようであった。ウイルス構成では、明らかにアーキアウイルスが支配していた。興味深いことに、これらのアーキアウイルスのほとんどがRNAウイルスであった。しかし、これらのウイルスRNAゲノムには、重要な酵素が欠けていた。真核生物または真正細菌宿主のRNAウイルス複製機構で鍵となる酵素だ。このことは、改めて既知のウイルスの中で最も古いウイルスであることを示している。地球上の生命の最初期のミクロ生態系を研究している微生物学者は、新しい発見によって次のことを強調する結論に達した。「ウイルスが病気を引き起こし、微生物群集の構成と構造を制御し、進化を推進する中心的な役割を果たしている」。

生物学の世界では、これまでのウイルスに対する見方が変わりつつある。生態系の生物学的食物連鎖のまさに根底で、ウイルスは微生物群を「管理」し、攻撃的な共生相互作用によって生態系を安定させている。ウイルスが生態バランスの深いところで寄与しているという知見は、真核生物の哺乳類など、3つのドメインすべてと攻撃的な共生で相互作用するウイルスの数多くの例と相まって、ウイルスが生物多様性に大きく貢献していることを示している。

ここで、進化説による「生命の系統樹」との関係で物議を醸すウイルスの役割に、再び焦点が当てられる。

我々人間は、地球を「自分たちの世界」と見なし、自分たちが主導権を握っていると思いがちである。しかし実際には、ヒトは生物多様性にとって欠かせない存在ではないのだ。原生地域への侵入が増え、熱帯雨林を破壊し、海洋資源を乱獲するなど、急増する人口によって生態系の自然バランスに負担をかけている。また、他の多くの生物を絶滅へと追いやっている。我々は、オゾン危機から回復したばかりの地球に住んでいるが、その一方で、気候変動や海洋のプラスチック汚染にも直面している。

我々が、未知のウイルスで満ちた「**ウイルス圏**」に住んでいることを考えることはよい結果をもたらすであろう。ウイルスによる新たな病気の脅威はさておき、こうした道徳を超越した存在が、地球上の生命の起源と我々の知る生物多様性への進化で重要な役割を果たしてきたのだ。

生物多様性に対するウイルスの創造的役割を疑うならば、重要な質問を我々自身に投げかけるとしよう。**もし地球上からウイルスが消えたとしたら、どうなるのだろう?** その答えは、海と陸の生態系で栄養物質の巨大なサイクルを考えればわかるだろう。

ウイルスが生きている生物であるという考えを否定する人たちは、次の事実を指摘する。ウイルスは、自身で複製することができない。したがって、生物ではない。しかし、これはシンビオジェネシスの根本的な性質を誤って解釈している。すべてのウイルスは宿主細胞の共生相手として進化してきた。ウイルスが複製を宿主に依存しているのは、この存在に関する相互作用の性質そのものである。その見返りとして、また宿主の生活環を共有することによって、ウイルスは宿主の進化に大きく貢献してきた。すべてのウイルスが「生物の遺伝子に依存する共生体」であるという重要な知見が、私がウイルスを生命体として定義する上での最後に挙げる要因である。そこで、私はこれまで学んできたことをすべて踏まえた上で、新たなウイルスの定義を提案する。

ウイルスは細胞ではなく、カプシドを持ち生物の遺伝子に依存する共生体である。

十分に検討した結果、RNAウイルスはRNAワールドで進化したRNA自己複製因子の共生体として生じたのではないかと私は考える。その後、生命が3つのドメインに進化していく中、ウイルスは細胞生物のドメインと共生しながら進化と多様化を続けた。生命の系統樹の起源と多様化の中で相互作用的で創造的な役割を果たしてきたのだ。その役割は、今日でも地球規模で続いている。このことから、生物学者はウイルスを細胞生物のドメインから切り離すことは、正しく見えるが実際には違うと感じる。ドゥルジンスカとゴズディチカ・ヨゼフィアクは、こう言っている。「ウイルスは進化の夜明けから絡み合ってきた」。

事実、生物学というより広い分野と絡み合った研究分野ではあるが、ウイルスが自ら進化したように、ウイルス学という分野は生物学とは別々に発展してきた。このことは、ウイルスと細胞生物ドメインがない混ぜになっていることを、進化生物学者や生態学者が理解するにつれ、ますます時代遅れになってきている。「生命の第4のドメイン」と呼ぶか、あるいは単に「ウイルスドメイン」と呼ぶかにかかわらず、今やウイルスを独自の生物ドメインとして定義する圧倒的議論が巻き起こっているのだ。

2014.

第23章

ウーズによるドメインについての因習を破る初の論文、Woese's iconoclastic first paper on domains: Woese C.R. and Fox G.E., Phylogenetic structure of the prokaryotic domain: the primary kingdoms. *Proc. Natl Acad. Sci. USA*, 1977; **74:** 5088–5090.

3つのドメインに関する明快な説明：Woese C.R., Kandler O. and Wheelis M.L., Towards a natural system of organisms: Proposal for the domains, Archaea, Bacteria and Eucarya. *Proc. Natl Acad. Sci. USA*, 1990; **87**: 4576–4579.

ウイルスは生きているのか？：Villarreal L.P. and Ryan F., 2018, published in the *Handbook of Astrobiology*, ed. Vera M. Kolb. CRC Press, Boca Raton Florida, 2018. Koonin E.V. and Dolja V., A virocentric perspective on the evolution of life. *Curr. Opin. Virol*., 2013; **3**(5): 546–557. Villarreal L.P., Force for ancient and recent life: viral and stem-loop RNA consortia promote life. *Ann. N.Y. Acad. Sci*., 2014; **1341**: 25–34.

「極限環境微生物（extremophiles）」に関する詳細：Lindgren A.R., Buckley B.A., Eppley S.M., et al., Life on the Edge – the Biology of Organisms Inhabiting Extreme Environments: An Introduction to the Symposium. *Integrative and Comparative Biology*, 2016; **56**(4): 493–499. Rampelotto P.H., Extremophiles and Extreme Environments. *Life*, 2013; **3**: 482–485.

アーキア（古細菌）とアーキアウイルスの概要：Snyder J.C., Bolduc B. and Young M.J., 40 years of archaeal virology: Expanding viral diversity. *Virology,* 2015; **479–480**: 369–378. Prangishvili D., Forterre P. and Garrett R.A., Viruses of the Archaea: a unifying view. *Nature Rev*., 2006; **4**: 837–848.

病気の原因、微生物群の構成と構造の制御、進化の推進力におけるウイルスの中心的な役割：Bolduc B., Shaunghessy D.P., Wolf Y.I., et al., Identification of novel positive-strand RNA viruses by metagen-omic analysis of archaea-dominated Yellowstone hot springs. *J. Virol*., 2012; **86**: 5562–5573.

ウイルスと細胞が絡み合ってきた例：Durzyńska J. and Goździcka-Józefiak A., Viruses and cells intertwined since the dawn of evolution. *Virol. J*., 2015; **12**: 169. doi 10.1186/s12985-015-0400-7.

molecular evolution. www.belstein– journals/bjoc/70.
他の自己複製子に寄生される自己複製子：Eigen M., Self-organization of matter and the evolution of biological macro molecules. *Naturwissenschaften*, 1971; **58**(10): 465–523.
疑似種としてのHIV：Nowak M.A., What is a Quasispecies? *TREE*, 1992; **7**(4): 118–121.
RNAワールド：Gilbert W., The RNA world. *Nature*, 1986; **319**: 618, Rich A., On the problems of evolution and biochemical information transfer. *Horizons in Biochemistry*, 1962. Kasha M. and Pullman B., eds. Academic Press, New York, pp. 103–106.
自己複製子の実験で生じる寄生因子：Bremerman H.J., Parasites at the Origin of Life. *J.Math.Biol.*, 1983; **16**: 165–180; Colizzi E.S. and Hogeweg P., Parasites Sustain and Enhance RNA-Like Replicators through Spatial Self-Organisation. *PLOS Computational Biology*, 2016; doi:10.1371/journal.pcbi. 1004902.
個体の生存に有利な疑似種：De La Torre J.C. and Holland John J., RNA Virus Quasispecies Populations Can Suppress Vastly Superior Mutant Progeny. *J. Virol.*, 1990; **64**(12): 6278–6281.
細胞生物には存在しない重要なウイルス遺伝子：Prangishvili D. and Garrett R.A., Exceptionally diverse morphotypes and genomes of crenarchaeal hyperthermophilic viruses. *Biochem. Soc. Trans.*, 2004; **32**(2): 204–208; Koonin, Senkevich and Dolja 2006, above.
RNAワールドを起源とするRNAウイルス：Forterre P., The origin of viruses and their possible roles in major evolutionary transitions. *Virus Research*, 2006; **117**: 5–16; Koonin, Senkewich and Doljva 2006.
共生ウイルス圏：Villarreal L.P., Force for ancient and recent life: viral and stem-loop RNA consortia promote life. *Ann. New York Acad. Sci.*, 2014; **1341**: 25–34; Villarreal L.P. and Ryan F., published in the *Handbook of Astrobiology*, ed. Vera M. Kolb. CRC Press, Boca Raton Florida, 2018.
深海の熱水噴出孔に生息するウイルス：Prangishvili D. and Garrett R.A.,
宿主からウイルスへではなく、ウイルスから宿主へのほうがはるかに多い遺伝情報の移動：Villarreal L.P. 2005, Filée J., Forterre P. and Laurent J., (書籍カテゴリー内参照),The role played by viruses in the evolution of their hosts: a view based on informational protein phylogenies. *Research in Microbiol.*, 2003; 154: 237–243; Claverie J-M, Viruses take center stage in cellular evolution. *Genome Biol.*, 2006; **7**: 110. doi: 10.1186/gb-2006-7-6-110.
自己の追加モジュール概念：Villarreal L.P. 2005, in books; Villarreal L.P.

自己免疫疾患とがんに寄与するウイルス：Ryan F.P., An alternative approach to medical genetics based on modern evolutionary biology. Part 3: HERVs in disease. *J. Royal Soc. Med.*, 2009; **102**: 415-424; Ryan F.P., An alternative approach to medical genetics based on modern evolutionary biology. Part 4: HERVs in cancer. *J. Royal Soc. Med.*, 2009; **102**: 474–480.

さまざまな哺乳類に存在するシンシチン：Cornelis G., Heidmann O., Bernard-Stoecklin S., et al., Ancestral capture of syncytin-*Car1*, a fusogenic endogenous retroviral envelope gene involved in placentation and conserved in Carnivora. *Proc. Natl. Acad. Sci. USA*, 201; **109**(7): www.pnas.org/cgi/doi/10.1073/ pnas.1115346109; Cornelis G., Heidmann O., Degrelle S.A., et al., Captured retroviral envelope syncytin gene associated with the unique placental structure of higher ruminants. *Proc. Natl, Acad. Sci. USA*, 2013. www.pnas.org/cgi/doi/10.1073/ pnas.1215787110; Cornelis G., Vernochet C., Malicorne S., et al., Retroviral envelope syncytin capture in an ancestrally diverged mammalian clade for placentation in the primitive Afrotherian tenrecs. *Proc. Natl Acad. Sci. USA*, 2014; www. pnas.org/cgi/doi/10.1073/ pnas.1412268111.

胎盤哺乳類の起源としてのレトロウイルス：ornelis G., Vernochet C., Carradec Q., et al., Retroviral envelope gene captures and syncytin exaptation for placentation in marsupials. *Proc. Natl. Acad. Sci. USA*, 2015; www.pnas.org/cgi/doi/10.1073/pnas.1417000112.

第22章

ウイルスの起源に関する4つの説：Fisher S., Are RNA Viruses Vestiges of an RNA World? *J. Gen. Philos. Sci.*, 2010; **41**: 121–141; Forterre P., The origin of viruses and their possible roles in major evolutionary transitions. *Virus Research*, 2006; **117**: 5–16; Bremerman H.J., Parasites at the Origin of Life. *J.Math.Biol.*, 1983; **16**: 165–180; Koonin E.V., Senkevich T.G. and Dolja V.V., The ancient Virus World and the evolution of cells. *Biology Direct*, 2006.doi:10.1186/1745-6150-1-29; Villarreal L.P., 2005, *Viruses and the Evolution of Life*.

細胞生物が誕生する前の自己複製子として始まる生命：Lazcano A. and Miller S.L., The Origin, Early Evolution of Life: Prebiotic Chemistry, and the Pre-RNA World, and Time. *Cell*, 1996; **85**: 793–798; Cronin L., Evans A.C. and Winkler D.A., eds. 2017. From prebiotic chemistry to

B.E., Cassman N., McNair K., et al., A highly abundant bacteriophage discovered in the unknown sequences of human faecal metagenomes. *Nat. Comms*., 2014|5:4498| doi:10.1038/ncomms5498|www.nature.com/naturecommunicationsarticles.

第21章

HIV-1ウイルスの発見については、『ウイルスX——人類との果てしなき攻防』フランク・ライアン著、沢田博・古草秀子訳、角川書店、1998年の第13章で詳しく述べている。

両性類、魚類、サメ、カエルで発見された内因性レトロウイルス：Aiewsakun P and Katzourakis A., Marine origin of retroviruses in the early Palaeozoic Era. *Nature Comms*., 2017. doi: 10.1038/ncomms13954.

光合成を行うウミウシ（エリシア・クロロティカ）で発見されたレトロウイルス：Pierce S.K., Mahadevan P., Massey S.E., et al., A Preliminary Molecular and Phylogenetic Analysis of the Genome of a Novel Endogenous Retrovirus in the Sea Slug *Elysia chlorotica*. *Biol. Bull.*, 2016; **231**: 236–44.

胚発生、免疫、細胞生におけるHERVの役割：Villarreal 2005（書籍カテゴリー内参照）、Ryan F.P., Viral symbiosis and the holobiontic nature of the human genome. *APMIS* 2016; **124**: 11–19.

シンシチン-1の発見：Mi S., Lee X. and Li X., et al., Syncytin is a captive retroviral envelope protein involved in human placental morphogenesis. *Nature*, 2000; **403**: 785–789; Mallet F., Bouton O., Prudhomme S., et al., The endogenous retroviral locus ERVWE1 is a bona fide gene involved in homi-noid placental physiology. *Proc. Natl Acad. Sci. USA*, 2004; **101**: 1731–1736.

シンシチン-2の発見：Blaise S., de Parseval N., Bénit L., et al., 2003. Genomewide screening for fusogenic human endogenous retrovirus envelopes identifies syncytin 2, a gene conserved on primate evolution. *Proc. Natl Acad. Sci. USA*, 2003; **100**: 13013–13018.

ヒトの生殖に関与する12のウイルス遺伝子座：Villarreal L.P. and Ryan F., Viruses in host evolution: general principles and future extrapolations. *Curr. Topics in Virol*., 2011; **9**: 79–90.

ヒト胎盤異常におけるシンシチンと他の内在性レトロウイルス遺伝子の役割：Bolze P.A., Mommert M. and Mallet F., Contribution of Syncytins and Other Endogenous Retroviral Envelopes to Human Placental Pathologies. *Progress in Mol Biol and Transl Sci.*, 2018. In press.

in Six Delaware Soils. *Appl. Environ. Microbiol.*, 2005; **71**(6): 3119–31125.

隠れた南極の土壌に存在するウイルス：Williamson K.E., Radosevich M., Smith D.W. and Wommack K.E., Incidence of lysogeny within temperate and extreme soil environments. *Environ. Microbiol.*, 2007; **9**: 2563–2574.

沿岸環境に存在するウイルス：Srinivasiah S., Bhavsar J., Thapar K., et al., Phages across the biosphere: contrasts of viruses in soil and aquatic environments. *Res Microbiol.*,2008; **159**: 349–357.

Williamson K.E, Fuhrmann J.J., Wommack K.E. and Radosevich M., Viruses in Soil Ecosystems: An Unknown Quantity Within an Unexplored Territory. *Ann. Rev. Virol.*, 2017; **4**: 201–219.

植物メタゲノム研究の必要性：Roossinck M.J., Martin D.P. and Roumagnac P., Plant Virus Metagenomics: Advances in Virus Discovery. *Phytopath. Rev.*, 2015; **105**: 716–727.

南アフリカケープフローラルキングダムのコーゲルベルク自然保護区にまで拡げた土壌調査：Segobola J., Adriaenssens E., Tsekoa T., et al., Exploring Viral Diversity in a Unique South African Soil Habitat. *Sci. Reports*, 2018; doi:10.1038/s41598-017-18461-0.

ペルーの熱帯雨林、カリフォルニアの砂漠、カンザスの平原、日本や韓国の水田にまで拡げた土壌調査：Rosario K. and Breitbart M., Exporing the viral world through metagenomics. *Curr. Opin. Virol.*, 2011; **1**: 289–297.

熱水噴出孔に存在する豊富なウイルス：Prangishvili D. and Garrett R.A., Exceptionally diverse morphotypes and genomes of crenarchaeal hyperthermophilic viruses. *Biochem. Soc. Trans.*, 2004; **32**(2): 204–208.

移植がヒトビローム（生体内ウイルス集団）に及ぼす影響：Tan S.K., Relman D.A. and Pinsky B.A., The Human Virome: Implications for Clinical Practice in Transplantation Medicine. *J. Clin. Microbiol.*, 2017; **55**(10): 2884–2893.

ヒトの腸内のウイルス圏：Aggarwala V., Liang G. and Bushman D., Viral communities of the human gut: metagenomic analysis of composition and dynamics. *Mobile DNA*, 2017; 8:12. doi 10.1186/s13100-017-0095-y.

De la Cruz Peña M.J., Martinez-Hernandez F., Garcia-Heredia I., et al., Deciphering the Human Virome with Single-Virus Genomics and Metagenomics. *Viruses*, 2018, *10*, 113; doi.10.3390/ v10030113.

腸内ビロームに関するメタゲノム研究ではほとんどが未知のウイルス：Dutilh

cyanobacterial genome core and the origin of photosynthesxis. *P.N.A.S.*, 2006; **103**(35): 13126– 13131. Lindell D., Sullivan M.B., Johnson Z.I., et al., Transfer of photosynthesis genes to and from Prochlorococcus viruses. *P.N.A.S.*, 2004; **101**(30): 11013–11018.

海洋環境の「主な構成要素」であるファージウイルス：Krupovic M., Prangishvili D., Hendrix R.W. and Bamford D.H., Genomics of Bacterial and Archaeal Viruses: Dynamics within the Prokaryotic Virosphere. *Microbiol. and Mol. Biol. Rev.*, 2011; **75**(4): 610–635.

偉大なウイルスの復活：Forterre P., *The Great Virus Comeback* (translated from the French). *Biol. Aujourdhui*, 2013; **207**(3): 153–168.

細菌を含めた他のすべての生物よりも10倍から100倍も多く存在するウイルス：Koonin E.V. and Dolja V.V., A virocentric perspective on the evolution of life. *Curr. Opin. Virol.*, 2013; **3**(5): 546–557.

ウイルスの地球規模での遺伝的多様性：Angly F.E., Felts B., Breitbart M., et al., The Marine Viromes of Four Oceanic Regions. *PLOS Biology*, 2006; 4(11): 2121–2131.

地球化学的循環を促進させるウイルス：既出のSuttle参照、Rosario K. and Breitbart M. Exploring the viral world through metagenomics. *Curr. Opin. Virol.*, 2011; **1**(1): 289–297.

第20章

マリリン・ルーシンクによるレビュー論文：Roossinck M.J., Symbiosis versus competition in plant virus evolution. *Nature Rev. Microbiol.*, 2005; **3**: 917–924.

3種間（ウイルス–菌–植物）での感染に関する論文：Márquez L.M., Redman R.S., Rodriguez R.J. and Roossinck MJ., A Virus in a Fungus in a Plant: Three-Way Symbiosis Required for Thermal Tolerance. *Science*, 2007; **315**: 513–515.

菌類を守る4種類のウイルス：Xu P., Chen F., Mannas J.P., et al., Virus infection improves drought tolerance. *New Phytologist*, 2008; doi: 10.1111/j.1469-8137.2008.02627.x.

原核生物のウイルス圏：Krupovic M., Prangishvili D., Hendrix R.W. and Bamford D.H., Genomics of Bacterial and Archaeal Viruses: Dynamics within the Prokaryotic Virosphere. *Microbiol. and Mol. Biol. Rev.*, 2011; **75**(4): 610–635.

デラウェア州の6つの土壌生態系に存在するウイルス：Williamson K.E., Radosevich M. and Wommack K.E., Abundance and Diversity of Viruses

第17章

生命の系統樹からウイルスを除外：Moreira D. and López- Garcia P., Ten reasons to exclude viruses from the tree of life. *Nature Reviews/Microbiology*, 2009; **7**: 305–311.

ウイルスにのみ存在するウイルス複製に関与するタンパク質遺伝子：Koonin E.V., Senkevich T.G. and Dolja V.V., 2006. The ancient Virus World and the evolution of cells. *Biology Direct*. doi:10.1186/1745-6150-1-29.

ウイルスゲノムに存在するカプシドタンパクをコードする遺伝子：Prangishvili D. and Garrett R.A., 2004. Exceptionally diverse morphotypes and genomes of crenarcheal hyperthermo-philic viruses. *Biochem. Soc. Trans.* **32**(2): 204–208. Koonin, Senkevich and Dolja 2006.

細胞に由来しないレトロウイルスとバクテリオファージ：Villarreal L.P., 2007. Virus–host symbiosis mediated by persistence. *Symbiosis*. **44**: 1-9. Hambly E. and Suttle C.A., 2005. The virosphere, diversity, and genetic exchange within phage communities. *Curr Opinion Microbiol*. **8**: 444–450.

進化の過程で絡み合ったウイルスと３つのドメイン：Durzyńska J. and Goździcka-Józefiak A. Viruses and cells intertwined since the dawn of evolution. *Virol. J.*, 2015; **12**: 169. doi: 10.1186/s12985-015-0400-7.

第18章

単一の祖先に由来するすべてのポリドナウイルス：B., Varricchio P. and Arana E., et al., Bracoviruses contain a large multigene family coding for protein tyrosine phosphatases. *J. Virol.*, 2004; **130**: 90–103.

ハチとウイルスの共生における唯一の起源：Whitfield J.B., Estimating the age of the polydnavirus/braconid wasp symbiosis. *Proc. Natl. Acad. Sci. USA*, 2002; **99**(11): 7508–7513. Belle E., Beckage N.E., Rousselet J., et al., Visualization of polydnavirus sequences in a parasitoid wasp chromosome. *J. Virol.*, 2002; **76**: 5793–5796.

第19章

サトルの言葉:Suttle C.A., Viruses in the sea. *Nature*, 2005; **437**: 356–361.

海洋ウイルス圏に関するその他の論文：Danovaro R., Dell'Anno A., Corinaldesi C., et al., Major viral impact on the functioning of the benthic deep-sea ecosystems. *Nature*, 2008; **454**: 1084–1087. Mulkidjanian A.Y., Koonin E.V., Makarova K.S., et al., The

アイルランドのHPVワクチン：Coyne, Ellen, Senior Ireland Reporter, *The Times*, August 2 2017.

アメリカのHPV：The Henry Kaiser Family Foundation, October 2017 Factsheet. HPV Vaccine: Access and Use in the US.

第16章

ミミウイルスゲノム：Raoult D., Audic S., Robert C., et al., The 1.2-megabase genome sequence of Mimivirus. *Science*, 2004; **306**: 1344–1350.

認識論上の壁を打破：Claverie J-M and Abergel C., Giant viruses: the difficult breaking of multiple epistemological barriers. *Studies in History and Philosophy of Biological and Biomedical Sciences*, 2016; **59**: 89–99.

クロースニューウイルス：Schulz F., Yutin N., Ivanova N.N., et al., Giant viruses with an expanded complement of translation system components. *Science*, 2017; **356**: 82–85.

サルガッソー海のミミウイルスに類似する配列：Ghedin E. and Claverie J-M, Mimivirus Relatives in the Sargasso Sea. *Virol. J.*, **2**: 62. doi:10.1186/1743-422X-262.

カーティス・サトルの名言：Science Daily, 2011. World's Largest, Most Complex Marine Virus Is Major Player in Ocean Ecosystems.

www.sciencedaily.com/releases/2010/10/101025152251.htm.

ウイルスの巨人に関する矛盾：Forterre P., Giant Viruses: Conflicts in Revisiting the Virus Concept. *Intervirology*, 2010; **53**: 362–378.

南極の巨大ウイルス：Kerepesi C. and Grolmusz V., The 'Giant Virus Finder' discovers an abundance of giant viruses in the Antarctic dry valleys. *Arch Virol.*, 2017; **162**: 1671–1676.

小さなウイルスの祖先に由来する巨大ウイルスの起源：Yutin N., Wolf Y.I. and Koonin E.V., Origin of giant viruses from smaller DNA viruses not from a fourth domain of cellular life. *Virology*, 2014; **466–467**: 38–52.

カプシドをコードする生命体としてウイルスを定義：Forterre P. and Prangishvili D., The great billion-year war between ribosome- and capsid-encoding organisms (cells and viruses) as the major source of evolutionary novelties. *Ann. N.Y. Acad. Sci.*, 2009; **1178**: 65–77.

MESHの4つのメカニズム：Ryan F.P., Genomic creativity and natural selection: a modern synthesis. *Biological Journal of the Linnean Society*, 2006; **88**: 655–672.

et al., Cedar Virus: A Novel Henipavirus Isolated from Australian Bats. *PLOS Pathogens*, 2012; **8**(8): e1002836. Olival K.J., Hosseini P.R., Zambrana-Torrelio C., et al., Host and viral traits predict zoonotic spillover from mammals. *Nature*, 2017: **546**: 646–650.

第13章

ジカ熱と脳の合併症：Da Silva I.R., Frontera J.A. and Bispo de Filippis A.M., Neurologic Complications Associated with the Zika Virus in Brazilian Adults. *JAMA Neurol*, 2017; doi:10.1001/namaneurol.2017.1703.

The use of *Wolbachia* in mosquito control. *Daily Telegraph*, UK, 2016/10/26/infected mosquitoes-to-be-released-in-Brazil-and- Columbia . . .

第14章

肝炎の歴史についての詳細：Trepo C., A brief history of hepatitis milestones. *Liver International*, 2014. doi.10.1111/ liv.12409.

B型肝炎に関するWHOの統計：www.who.int/news-room/fact-sheets/detail/hepatitis-b.

イギリスでのE型肝炎の発生率上昇に関する情報：UK. gov website.

第15章

クロムウェルの名言：Burns D.A., 'Warts and all' – the history and folklore of warts: a review. *J Roy Soc Med*, 1992; **85**: 37–40.

ツアハウゼンの見解：Zur Hausen H., Condylomata Acuminata and Human Genital Cancer. *Cancer Research,* 1976; **36**: 794.

子宮頸がんの発生率とHPVワクチンについての報告：Cutts F.T., Franceschi S., Goldie S., et al., Human papillomavirus and HPV vaccines: a review. 2007. www.who. int/vaccines-documents/DocsPDF07/866.pdf.

イギリスのHPVワクチン接種：Johnson H.C., Lafferty E.I., Eggo R.M., et al., Effect of HPV vaccination and cervical cancer screening in England by ethnicity: a modelling study. *The Lancet*, 2018; 3:e44-51. http://dx.doi.org/10.1016/s2468.2667(17)30238–4.

スコットランドのHPVワクチン接種：Narwan, G. Vaccine drive cuts cancer virus by 90 per cent. *The Times*, 6 April 2017.

アフリカの子どもたちのリンパ腫に関するバーキットの論文：Burkitt D., A sarcoma involving the jaws in African children. *Br. J. Surg.*, 1958; **46**: 218.

第10章

第一次世界大戦中のインフルエンザによる死者数：Wever P.C. and van Bergen L., Death from 1918 pandemic influenza during the First World War: a perspective from personal and anecdotal evidence. *Influenza and Other Respiratory Viruses*, 2014; **8**(5): 538–546. doi:10.1111/irv.12267.

SARSに関する情報：Smith R.D., Responding to global infec-tious disease outbreaks. Lessons from SARS on the role of risk perception, communication and management. *Social Science and Medicine,* 2006; **63**(12): 3113–3123.

2017年の中国での鳥インフルエンザ：MacKenzie D., Lethal flu two genes away. *New Scientist,* 24 June 2017: 22–23.

第11章

狂犬病の症例報告：McDermid R.C., Lee B., et al., Human rabies encephalitis following bat exposure: failure of therapeutic coma. *C.M.J.*, 2008; **178**(5): 557–561.

粘液腫症ウイルスとオーストラリアウサギの教訓：Kerr P.J., Liu J., Cattadori I., et al., Myxoma Virus and the Leporipoxviruses: An Evolutionary Paradigm. *Viruses*, 2015; **7**: 1020-1061. doi:10.3390/v7031020.

第12章

初期のエボラ出血熱アウトブレイクの詳細：*Virus X.*『ウイルスX――人類との果てしなき攻防』フランク・ライアン著、沢田博・古草秀子訳、角川書店、1998年

2014年の西アフリカでのアウトブレイク、特に神経系の合併症の詳細：Billioux B.J., Smith B. and Nath A., Neurological Complications of Ebola Virus Infection. *Neurotherapeutics*, 2016; **13**: 461–470.

エボラ出血熱ウイルス感染源としてのコウモリ：Olival K.J. and Hayman D.T.S., Filoviruses in Bats: Current Knowledge and Future Directions. *Viruses*, 2014; **6**: 1759–1788.

他のウイルス感染源としてのコウモリ：Marsh G.A., de Jong C., Barr J.A.,

第5章

ノロウイルスが病気を引き起こすメカニズム：Karst S.M., Pathogenesis of Noroviruses, Emerging RNA Viruses. *Viruses*, 2010; **2**: 748–781. Karst S.M. and Wobus C.R. A Working Model of How Noroviruses Infect the Intestine. *PLOS Pathogens*, February 27, 2015| doi:10.1371/journal.ppat.1004628.

第6章

フランクリン・D・ルーズベルトに関する詳細：FDR Presidential Library & Museum online.

第7章

ヨーロッパによるアメリカ大陸征服で天然痘が果たした役割：McNeill W.H.（書籍カテゴリー参照）

天然痘ウイルスによるインターフェロンの不活化：Del Mar M. and de Marco F., The highly virulent variola and monkeypox viruses express secreted inhibitors of type I interferon. *FASEB J.*, 2010; **24**(5): 1479–1488.

第8章

シンノンブレハンタウイルスによるアウトブレイクの詳細：*Virus X* in books.『ウイルスX――人類との果てしなき攻防』フランク・ライアン著、沢田博・古草秀子訳、角川書店、1998年

第9章

Furman D., Jolic V., Sharma S., et al., Cytomegalovirus infection enhances the immune response to influenza. *Sci. Translational Med.*, 2015; **7**(281): doi 1-.1126/scitranslmed.aaa.2293.

Reese T.A., Co-infections: Another Variable in the Herpesvirus Latency-Reactivation Dynamic. *J. Virol.*, 2016; doi 10.1128/ JVI.01865-15.

アメリカでのサイトメガロウイルス感染症の発生頻度：Staras S.A., Dollard S.C., Radford K.W., et al., Seroprevalence of cytomeg-alovirus infection in the United States, 1988–1994. *Clin. Infect. Dis.*, 2006; **43**(9): 1143–1151.

はじめに

ヒトゲノムに関する本：Ryan F., *The Mysterious World of the Human Genome*（書籍カテゴリー参照）

第2章

ヒト微生物叢の詳細：Nibali and Henderson（書籍カテゴリー参照）．

第3章

Hankin E.H., L'action bactéricide des eaux de la Jumna et du Gange sur le vibrion du choléra. *Annales de l'Instituté Pasteur*, 1896; **10**: 511–523.

Twort F.W., An investigation on the Nature of Ultra-Microscopic Viruses. *The Lancet*, 1915; **186**: 4814.

D'Hérelle Félix, Sur un microbe invisible antagoniste des bacilles dysentériques. *Comptes Rendus de l'Adadémie des Sciences de Paris*, 1917; **165**: 373–375.

D'Herelle's references to bacteriophages as symbionts, comparing them to the mycorrhize of orchids: D'Herelle F., *The Bacteriophage and Its Behaviour*. Ballière, Tindall and Cox, London, 1926. Chapter V: p.211. (NB on p.343 d'Herelle defends the bacterio-phage as living. pp.326 and 354.)

第4章

WHOによる麻疹のデータと助言：www.who.int/news-room/ fact-sheets/ detail/measles.

'Measles rise worldwide from 2017 to 2018'. *New Scientist*, 24 February 2018, pp.4–5.

'Measles is back with a vengeance – is the anti-vaccination movement to blame?' Chloe Lambert, *Daily Telegraph*, 7 May 2018.

For GPs put on alert over surge in measles: Chris Smyth, *The Times*, 3 July 2018. Rubella and links to teratogenicity: Lee J-Y, and Bowden D.S., Rubella Virus Replication and Links to Teratogenicity. *Clin. Microbiol. Rev*., 2000; **13**(4): 571–587.

参考文献

科学知識のある読者には、こちらの手引きが有用である。冒頭に関連書籍をリストアップした。複数のテーマを扱っているため、別の章で参考文献が重複している場合がある。

書籍

Collier L. and Oxford J., *Human Virology*. Oxford University Press, 1993.

Field B.N. and Knipe D.M., *Field's Virology*. Raven Press, New York, 1990.

Margulis L. and Sagan D., *Microcosmos: Four Billion Years of Microbial Evolution.* University of California Press, Berkeley, Los Angeles, London, paperback, 1997.

McNeill W.H., *Plagues and Peoples.* Basil Blackwell, Oxford, 1977.

Nibali L. and Henderson B., eds, *The Human Microbiota and Chronic Disease.* Wiley Blackwell, Hoboken New Jersey, 2016.

Ryan F., *Virus X.* Little Brown and Company, Boston, New York, Toronto and London, 1997.『ウイルスX——人類との果てしなき攻防』フランク・ライアン著、沢田博・古草秀子訳、角川書店、1998年

Ryan F., *Virolution.* HarperCollins Publishers Ltd, London, 2009.『破壊する創造者』フランク・ライアン著、夏目大訳、早川書房、2011年

Ryan F., *The Mysterious World of the Human Genome*. HarperCollins Publishers Ltd, London, 2015.

Summers W.C., *Félix d'Herelle and the Origins of Molecular Biology.*
Yale University Press, 1999.

Villarreal L.P., *Viruses and the Evolution of Life.* ASM Press, Washington D.C., 2005.

エピグラフ

「The Sunday Times」誌　増刊号カラー(1992年4月12日) アンソニー・ホプキンスへのインタビューより

フランク・ライアン
進化生物学者、医師。シェフィールド大学で医学を修める。同大動植物学科名誉研究員。英国王立医師会、同医学協会、ロンドン・リンネ協会の会員。著書に、ニューヨーク・タイムズのノンフィクション・ブック・オブ・ザ・イヤーに選ばれた“Tuberculosis: The Greatest Story Never Told”、“Darwin's Blind Spot”、『ウイルスX』(角川書店)、『破壊する創造者』(早川書房)などがある。

福岡伸一 (ふくおか　しんいち)
生物学者。京都大学卒。青山学院大学教授。米国ロックフェラー大学客員研究者。著書に『生物と無生物のあいだ』(講談社)、『動的平衡』(木楽舎)、『新版 動的平衡』(小学館)、『生命海流 GALAPAGOS』(朝日出版社)、『ナチュラリスト』(新潮社)、訳書に『ドリトル先生航海記』(新潮社)、『ガラパゴス』(講談社)などがある。

多田典子 (ただ　のりこ)
ライフサイエンス分野の翻訳者。大阪府立大阪女子大学学芸学部(現大阪府立大学理学類生物科学課程)卒業後、医学研究に従事。その後、京都大学大学院医学研究科社会健康医学系で学び、Master of Public Health (MPH)を取得。
ホームページ　https://www.life-science-labo.com

新型《しんがた》コロナアウトブレイクに隠《かく》された生命《せいめい》の事実《じじつ》

ウイルスと共生《きょうせい》する世界《せかい》

2021年11月20日　初版発行

著　者　フランク・ライアン
監修者　福岡伸一
訳　者　多田典子
発行者　杉本淳一

発行所　株式会社日本実業出版社　東京都新宿区市谷本村町3-29 〒162-0845
編集部　☎03-3268-5651
営業部　☎03-3268-5161　振　替　00170-1-25349
https://www.njg.co.jp/

印刷/壮光舎　　製本/共栄社

ISBN 978-4-534-05887-4　Printed in JAPAN